JN093162

R を使った

〈全自動〉ベイズファクタ分析

js-STAR_XR+ でかんたんベイズ仮説検定

田中 敏・中野博幸 著

北大路書房

はじめに 1：ベイズファクタと統計分析の学習法

　本書は〈全自動〉シリーズの第2弾であり，前著『Rを使った〈全自動〉統計データ分析ガイド』の姉妹本です。前著は p 値という統計量を中心として基本的なノウハウと自動化プログラム "js-STAR_XR（ジェイエス・スター・エックスアール）" を提供しました。本書はそれに加えて，ベイズファクタ分析という新手法とシミュレーション学習用のメニュー（p.iv「はじめに2」参照）を搭載した "js-STAR_XR+（ジェイエス・スター・エックスアールプラス）" を公開し，新たな統計手法を中心に操作ガイドと基礎・基本の解説を提供します。

　前著と同じく，本書も〈全自動〉統計分析を基本コンセプトとしています。このため js-STAR_XR を後継する XR+ も，単に数値計算を実行するだけではなく分析結果の読み取りからレポートの作成までを自動化しています。それによって統計分析をサポートするのみならず，統計分析のユーザー自身の研究そのものをサポートすることが筆者らの本意にほかなりません。

●ベイズ統計学とベイズファクタについて

　本書で扱う**ベイズファクタ**（Bayes factor）とは "仮説の有力さを表す要因（＝証拠）" を意味します。ベイズファクタが強ければそれだけ仮説は有力ということになります。この指標を用いた統計的仮説検定が近年Rパッケージとして実用化されました（Morey & Rouder, 2021）。本書はこのRパッケージ "BayesFactor" を使用した分析と『結果の書き方』をガイドします。なお開発者自身によるマニュアルはR画面に下のように入力すると入手できます。

　→ library(BayesFactor); BFManual()

　当該パッケージの理論的背景にはベイズ統計学といわれる18世紀の古典的

統計学があります。現代におけるその応用領域は検定と推定の二手^{ふたて}に分かれます。一方は，観測されたデータから仮説の有力さを検証する**統計的仮説検定**への応用です。上述したベイズファクタはそのために開発された統計量であり，本書はこのベイズファクタによる仮説検定法を中心に扱います。

　他方は，観測されたデータから将来出現するであろうデータを予想する**統計的推定**への応用です。たとえば特定の感染症の罹患データから将来の流行状況を予想するような推定を行います。こちらはベイズ統計学の応用というよりもMCMC 法（Markov Chain Monte Carlo algorithm）といわれる実用的なシミュレーション推定が主流です。統計的仮説検定とは異なる別体系のノウハウが必要です。本書では仮説検定後の真値の推定までにとどめて扱います。

　こうして今日，統計的仮説検定において従来の *p* 値と新規のベイズファクタという 2 つの検定指標が利用可能となりましたが，同時にそれらをどのように使い分けたらよいかという問題もまた抱えることになりました。両者の使い分けについて本書の簡明な認識は，*p* 値の検定法は革新的な知見をもたらし，ベイズファクタの検定法は保守的な結果をもたらすだろうというものです。それが研究成果の科学的・社会的意義においてどう影響するかは個々の研究者及び研究組織の判断によるものと思います（後述 p.25 へ続く：*p* 値とベイズファクタの使い分けに関して資料^{データ}と方針を示します）。

　統計分析のユーザーにとっては，*p* 値とベイズファクタはいずれが正しいかという問題ではなく，分析手法のバリエーションが増えたというだけです。むしろ *p* 値の限界を知ることでベイズファクタの良さが実感され，ベイズファクタの短所を知ることで *p* 値の良さが再認識されるでしょう。

●**統計分析の学習法**について

　統計分析の初学者には，従来の *p* 値の学習に加えてベイズファクタの学習が課せられることになります。しかし〈全自動〉XR+ があれば "できることが増えた" というだけです。覚えること・理解することも確かに増えますが，それはあとから追いついてくればよいものです。筆者自身も過去，統計分析の勉強はとにかく教科書の「例題」を探しては真似するという実用本位のやり方でした。当時は心の "不思議" に全幅の興味が向かっていたので分析できる（知見が得られる）ことが第一の関心事でした。

実際，そのように前著も本書も，まず「できる」それから「わかる」へとい
う遡及的（そきゅうてき）な学習の仕方を想定しています。本文の「ですます調」の解説が「で
きる」ためのノウハウに相当します。そこを重点的に学んでください。その際，
本書 215 〜 219 ページの「付録」に掲載したシラバス例を学習計画の参考にし
ていただけると幸いです。

　一方，本文中のガラリと文体が変わる「である調」のパートは「わかる」た
めの解説部分ですから，あとで「どうしてこんな分析ができるのだろう？」と
気になったら読んでみるということでけっこうです。

　「できる」なら「わかる」はいつでも可能ですし，いつでも始めることがで
きます。しかし逆に「わからない」が先に来たら「できない」が続くでしょう。
そして，おそらく統計分析の効用を知ることもなく，データに基づく実証的態
度を身につける機会も意欲も失われてしまうでしょう。

　前著及び本書とともに，XR+ を使ってユーザー諸氏がご自身の研究テーマ
に創意を生かして取り組むことができ，人間・社会の現実に新たな実証的知見
を積み重ねていただけることを切に願っています。

　北大路書房・奥野浩之氏及び森光佑有氏には再びご厚志をいただき，筆者ら
二人がユーザーとしてかねて望んでいたテキストとツールの出生をお引き受け
いただくことになりました。ここに心より深くお礼を申し上げる次第です。

　個人的に妻の支えに如くなきを記し終筆とします。

2022 年仲春　霞立つ千曲を望みて

田中　敏

Richard, D. M. & Jeffrey, N. R. (2021). BayesFactor: Computation of Bayes Factors for
Common Designs. R package version 0.9.12-4.3.
https://CRAN.R-project.org/package=BayesFactor

はじめに2：シミュレーションによる主体的で深い学び

$x^2+y^2=1$ という式を見て，原点を中心とする半径1の円が思い浮かぶ人はどれくらいいるでしょうか（図1）。それほど多くはないのではないでしょうか。

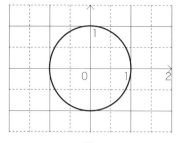

図1

しかし，式と図を見比べると，式の右辺の1が半径を表しているだろうと考えることができるようになります。それならば，半径2の円の式は $x^2+y^2=2$ ではないかと考えるわけですが，残念ながらそうはなりません。半径は約1.4になります（図2）。$x^2+y^2=3$ なら，半径は約1.7です。ここまでくると気がつく人もいるかもしれません。$x^2+y^2=4$ のとき半径2となります。つまり，$x^2+y^2=2^2$ となるわけです。

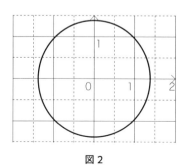

図2

式を入力するだけで図（グラフ）を描くアプリを使えば，ユーザーが数値を変更して，自分で性質を見つけることができるようになります。$x^2+y^2=r^2$ の r は半径と一方的に教えられるのではなく，コンピュータを使うと，自分で試して発見し納得するという学習が可能になります。

シミュレーションとは，現実に想定される場面をモデル化し，さまざまな条件を変更しながら模擬的に実験したり既存結果を再現したりすることです。世界一のスパコン"富岳"が新型コロナウイルス感染症（COVID-19）に関する

飛沫の飛散シミュレーションを行うなど，コンピュータはさまざまな分野のシミュレーションに用いられています。一方で，「知識を得ることは環境との相互作用が不可欠」(Piaget, J.) と言われています。学習者が模擬的な世界に自ら働きかけ，多くの事実から規則を推測し気づくことができれば，それは小さな発見と呼ぶことができるでしょう。このような試行錯誤や発見は，学習者の知識の再構成と深く結びついており，シミュレーションを用いた活動が自分自身の考えを深めていく学習に有効であると考えることができます。

　このような模擬的な操作を通して，モデル化した統計的な事象についての特徴や性質を学ぶ活動を**シミュレーション学習**と呼ぶことにします。従来，統計的な内容をわかりやすく説明する手段として，図やグラフなど視覚的な理解を促すものが用いられてきました。示された図やグラフはある条件のもとで表現されたものであるため変更も操作もできず，固定的な図版としてしか理解できません。しかし，コンピュータを用いたシミュレーションは，ユーザーの数値の与え方に応じて条件設定を変え，出力や図を更新することができます。このような操作により，ユーザーはモデル化した事象について，手元にあるデータ以上の理解を深めることができます。js-STAR_XR+ は単に統計計算をサポートするだけでなく，こうしたシミュレーション学習のためのメニューを複数用意しています。

　また，シミュレーションには，ランダムな数値データの利用が不可欠です。
　js-STAR_XR+ では，さまざまな一様乱数と正規乱数を独自の数式を使って，各分析メニューから簡単に呼び出し，サンプルデータとして利用することができます。

　今回，新しいシミュレーションを開発し改良する中で，筆者ら自身，今まで理解していた（つもりだった？）統計的な概念に対して，多くの新たな気づきがありました。「頭では理解していたつもりだったけれど，なるほどこういうことだったのか」と何度，驚いたかしれません。シミュレーション学習がユーザーのみなさんの「できる」から「わかる」への一助となれば，作者冥利に尽きるというものです。

2022 年 4 月

中野博幸

　本書に記載された内容は情報の提供のみを目的としています。したがって本書を用いた運用は必ず読者自身の責任と判断によって行ってください。これらの情報の運用の結果について，著者はいかなる責任も負いません。

　本書記載の情報は，2022年5月1日現在のものを掲載していますので，ご利用時には変更されている場合もあります。また，ソフトウエアに関する記述は特に断りのない限り，2022年5月1日現在での最新バージョンをもとにしています。ソフトウエアはバージョンアップされる場合があり，本書での説明とは機能内容や画面図などが異なってしまうこともあり得ますので，ご了承ください。

　以上の注意事項をご承諾いただいたうえで，本書をご利用願います。これらの注意事項をお読みいただかずに，お問い合わせいただいても著者は対処しかねます。あらかじめご承知おきくださいますようお願いいたします。

　なおWindowsはMicrosoft社の登録商標です。その他，本文中に記載されている製品の名称はすべて関係各社の商標または登録商標です。

目　次

Chapter 0 　事前準備　　1

Chapter 1 　1×2表のベイズファクタ分析　　5

Chapter 2 1×2表・母比率不等の ベイズファクタ分析   31

Chapter 5　t 検定のベイズファクタ分析　89

Chapter
6 1 要因分散分析デザインの
ベイズファクタ分析　115

事前準備

0.1　フリーウェア及び関連ファイルの準備

　本書で用いるフリーウェア（無償ソフト）及び関連ファイルを次のように準備してください。インターネットに接続する必要があります。コンピュータのOS は Windows を想定していますが，Mac OS でも使用可能です。

▶▶① js-STAR_XR＋（ジェイエス・スター・XR・プラス）

　[js-star] で検索するか，http://www.kisnet.or.jp/nappa/software/star/ にアクセスしてください。開いた画面（以下，STAR 画面）をブックマークまたは "お気に入り" に登録し，以降，この画面においてデータ分析やシミュレーション（サイト）を行ってください。ダウンロード（DL）も可能ですが，随時プログラムの修正・拡張を行っていますので（ソフトの宿命として），当 STAR 画面に訪れて最新のメニューを使用されることをお勧めします。

　DL される場合は，トップページ内で [ダウンロード] を見つけてクリック→圧縮ファイル（#.zip）を DL → zip ファイルを [右クリック] → [すべて展開]します。展開されたフォルダ内の index.htm をダブルクリックすれば STAR画面が開きます。　　　　　　　　　　　　　※ Mac OS では自動的に展開されます。

▶▶② R 本体（Base）　※本書では R version 4.1.3（2022-03-10）を使用しています。

　[r インストール] で検索します。R のインストールを紹介するサイトがいくつもヒットしますので，どれかに従ってインストールしてください。基本手順は，ネットからインストール実行プログラム（R-#.#.#-win.exe）を DL →ご自分のコンピュータでそれを実行します。Mac ユーザーは検索語に "Mac"

も加えてください。実行プログラム名は"R-#.#.#-mac.exe"となります。

▶▶ ③Rパッケージのインストール

　Rパッケージは R 本体の上で動くプログラム集です。特定のパッケージを使うことで R 本体に実装されたメニューよりもさらに高度の分析やグラフィックス（作図）が可能になります。個々のパッケージは世界中の有志の手により開発・命名され随時蓄積され（これまた無償で）R ユーザーが自由に使えるようになっています。2022 年 5 月現在，その数は 1 万 8800 個を超えています。下の手順で XR+ に必要な 9 本をインストールします。

　R のアイコン（R 本体のインストールで自動的に作成される）を右クリック→［管理者として実行］を選択（単に［開く］も可だが［管理者として実行］が無難）→起動確認に［ＯＫ］→R 画面が表示されます。R を起動したら，次に XR+ を起動し STAR 画面を開きます。そして以下の手順を実行します。

❶STAR 画面のかなり下にある ［Rパッケージインストール］をクリック
❷表示された「Rプログラム」枠の上辺の【コピー】をクリック
❸カーソルをR画面に移し【右クリック】→【ペースト】する
❹インストールサイト一覧から Japan(Tokyo) をクリック→【ＯＫ】

　これで次の 9 本のパッケージが自動的にインストールされます。

【インストールされる9本のパッケージ】

brunnermunzel（ブルンナー・ムンツェル）
car（カー）
exactRankTests（エグザクト・ランクテスツ）
GPArotation（GPA ローテーション）
lavaan（ラバーン）
pequod（ペコド）
psych（サイク）
semPlot（セムプロット）
BayesFactor（ベイズファクタ）

▶▶④ベイズ演習データ

本書の演習で使用するデータを次のいずれかにより入手してください。
・北大路書房（←この語句で検索）の公式サイトにおいてＤＬする
・STAR 画面で［ダウンロード］するとプログラムと一緒にＤＬされる

0.2　R 画面の設定

　R 画面（R コンソールともいう）については，以下のように設定することを推奨します。特に文字フォントは MS Gothic にしたほうが，結果の桁ズレを防ぐことができます。下図を見ながら，❶〜❻を行ってください。

❶ ［編集］ → ［GUI プリファレンス］を選ぶ

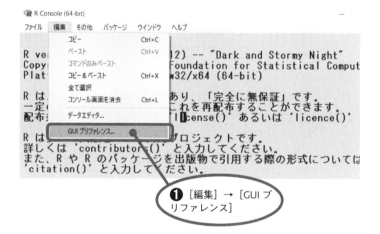

❷SDI をチェック
❸MS Gothic を選ぶ
❹好みの size, style を選ぶ
❺【SAVE】をクリック→表示されたファイル名のままで【保存】をクリック
　ク
❻【OK】をクリック

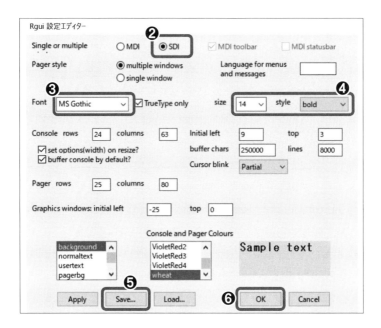

※R本体及びRパッケージの引用情報については，R画面において次のよう
に入力すれば表示されます。

```
citation()                   # R本体
citation("BayesFactor")      # Rパッケージ BayesFactor の場合
```

1×2表のベイズファクタ分析

※ BayesFactor の関数 proportionBF 使用

　最もシンプルな1×2表の度数の検定から始めましょう。二項（2個）の度数を比べるには，通常，**p** 値を用いた**正確二項検定**を行います。本書ではそれとは異なる**ベイズファクタ**（Bayes factor）という統計量を用いた新しい方法を使ってみることにします。

　以下，本書の姉妹本『Rを使った〈全自動〉統計データ分析ガイド』（以下，『〈全自動〉統計』）とほぼ同じ章立てで進めます。前著『〈全自動〉統計』の復習も兼ねて本書『Rを使った〈全自動〉ベイズファクタ分析』（以下，『〈全自動〉ベイズ』）で新しい方法を身につけ，分析手法のバリエーションを増やしてください。特にこの Chapter 1 は，ベイズファクタとは何かを知り，前著の **p** 値の検定法と何が違うのかを理解するために非常に重要な章となります。時間をかけてゆっくりと読み進めてください。

> **演習 1a**　　**みんなが好きなもの**
>
> 　アメリカでインターネット利用者に好きなものと嫌いなものを選ばせて好みの合う者同士をマッチングするというアプリで30万人のデータを調べた結果，みんなが好きなもののトップは 3000 項目中 "子犬（Pappies）" であったという（https://pudding.cool/2017/12/hater/）。これを日本の研究参加者 9 人で追試してみた。結果は「子犬は好きですか」という質問に「ハイ」が 8 人，「イイエ」が 1 人であった。子犬を好きな人が確かに多いと断定してよいだろうか。ベイズファクタによって分析しなさい。

1.1　データ入力・分析

　異なる2つの度数［8人 vs 1人］を比較して多い・少ないを判定するには，前著『〈全自動〉統計』では正確二項検定を使いました。ここでは新しい手法，**ベイズファクタ分析**（Bayes factor analysis）を使ってみましょう。データ自

体はまったく同じ1×2表ですので，STAR 画面のサイドメニュー【1×2表（正確二項検定）】をクリックします。

　度数の与え方も『〈全自動〉統計』とまったく同じです。キーボードから直接入力する方法と，（すでに入力してあるデータを）他ファイルから貼り付ける方法があります。ここでは前者の方法を用いることにします。

　では，js-STAR_XR+ を起動してください（またはサイトにアクセスする）。そして分析結果の保存用に新規文書ファイルを開いておきます（コンピュータ画面で右クリック→【新規作成】→【テキストドキュメント】）。

　　※ Mac OS では【テキストエディット】をクリックする。またはテキストエディット画面で【ファイル】→【新規】を選択する。

　以下，操作手順を示します。手順の黒丸数字を下図の黒丸数字と対応させて操作してください。

●**操作手順**

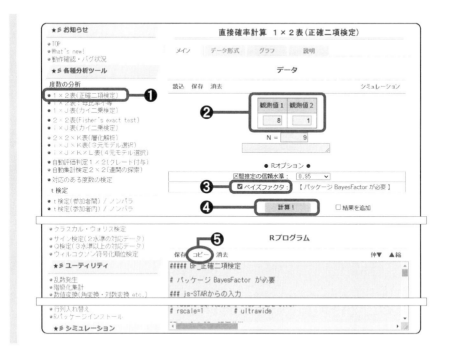

❶STAR 画面左の【1×2表（正確二項検定）】をクリック

　→1×2表（1行×2列の表）の枠が表示されます。

❷キーボードから「観測値1」に8，「観測値2」に1を入力する

　→自動的に「N＝9」と表示されます。

❸「Rオプション」枠の［□ベイズファクタ］をチェックする

　→『〈全自動〉統計』と異なる手順はここだけです。

❹【計算！】をクリック

　→「Rプログラム」枠内にRプログラムが出力されます。

❺「Rプログラム」枠上辺にある【コピー】をクリック

❻カーソルをR画面に移し【右クリック】→【ペースト】を選ぶ（下図）

　→R画面にプログラムが貼り付けられ，計算が始まります。

　※ Mac OS ではペースト後にキーボードの【Enter】キーを1回押す。

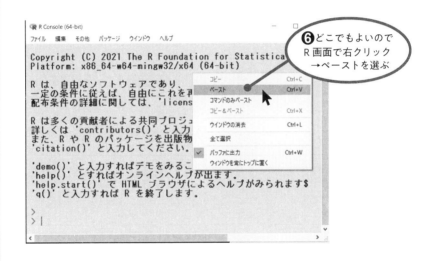

❼出力された『結果の書き方』を文書ファイルにコピペする

　→R画面に出力された『結果の書き方』をドラッグ（なぞる）＆コピーし，
　　文書ファイルにペーストします。以下，文書ファイルにて修正を行います。

1.2 『結果の書き方』

　以下はR画面に表示された『結果の書き方（両側仮説）』です。下線部**ア〜エ**を下段の要領で修正してください。R画面にはこの上方に『結果の書き方（片側仮説）』も表示されますが、『…（両側仮説）』のほうを採用します。もし『…（片側仮説）』を選ぶと選んだ理由を問われます。

```
> cat(txt) # 結果の書き方 ( 両側仮説 )
  Table(tx1) は各値の度数集計表である。ア)
    ベイズファクタ分析（有効水準 =3, 両側仮説）を行った結果, BF 値は
  有効であった（BF=3.738, error=0%）。イ) したがって観測値 1 の比率は観
  測値 2 の比率ウ) よりも実質的に大きいことが示された。事後分布における
  観測値 1 の比率のメディアンは 0.744 であり, その 95%確信区間は 0.487
  - 0.928 と推定された。

    以上の BF 値の計算には R パッケージ BayesFactor (Morey & Rouder,
  2021) を使用し, 事前分布（logistic 分布）の尺度設定を rscaleエ) =0.5
  としたほかは各種設定はデフォルトに従った。MCMC 法による推定回数は 1
  万回とした。
>
```

（　下線部の修正　）

ア　**度数集計表**…はR画面の出力「基本統計量」から作成します。二項の値（ハイ, イイエ）がどんな質問への回答なのかを具体的に記述するとわかりやすくなります（レポート例参照）。

イ　**BF, error**…を斜字体にします（→ *BF, error*）。統計記号は慣例として斜字体にします。

ウ　**観測値 1 の比率**…を「ハイの比率」, **観測値 2 の比率**…を「イイエの比率」に置換します。以下同様に置換してください。

エ　**rscale**…も統計量なので斜字体にします（→ *rscale*）。

以上の修正で，レポートが出来上がります。

□ レポート例 01-1

> Table ○（省略）は「子犬は好きですか」という質問に「ハイ」または「イイエ」を回答した者の人数集計表である。
>
> ベイズファクタ分析（有効水準＝ 3, 両側仮説）を行った結果，**BF** 値は有効であった (**BF** = 3.738, *error* = 0%) ォ）。したがって「ハイ」の比率が「イイエ」の比率よりも実質的に大きいことが示された。事後分布における「ハイ」の比率のメディアンは 0.744 であり，その 95％信頼区間は 0.487 – 0.928 と推定された。
>
> 以上の **BF** 値の計算には R パッケージ BayesFactor (Morey & Rouder, 2021) を使用し ヵ），事前分布（logistic 分布）の尺度設定を **rscale** = 0.5 ＊）としたほかは各種設定はデフォルトに従った。MCMC 法による推定回数は 1 万回とした。

結果の読み取り

　下線部**オ**で，ベイズファクタという統計量（**BF** 値）が"有効"であったと記述されています。これによって「子犬は好きですか」に対する「ハイ」の 8 人（比率＝ 0.889）が「イイエ」の 1 人（比率＝ 0.111）よりも統計的に多いことが証明されました。

　本書では解説の都合上「ベイズファクタ」と「**BF** 値」の表記を用いて概念と値を区別しますが，初出時に"ベイズファクタ（**BF**）"という記述を置けば，レポートや論文では"値"を付けずに単に"**BF**"でも両義的に通用します。提出先の執筆要領に従ってください。

　分析の結論としては，「ハイとイイエの比率に差がない」と主張する帰無仮説（H_0）よりも，それを否定し両比率に「差がある」と主張する対立仮説（H_1）が支持されたということになります（H は仮説"hypothesis"の頭文字）。

　BF 値（**BF** = 3.738）は，H_0 より H_1 のほうが実際のデータの出現確率を 3.738

倍高く予想したことを意味します。このように BF 値は仮説同士のデータ予測力の対比を示します。H_1 を分子，H_0 を分母とした対比であることを明示するため "$BF_{10} = 3.738$" と添え字を付けて表現する場合もあります。この $BF = 3.738$ はデータの証拠価値または証拠の強さ（strength of evidence）として解釈されます。通常，$BF \geqq 3$ で今回の証拠の強さは "有効" と判定されます。もし $BF < 3$ なら「BF 値は有効水準に達しなかった」という記述になります。一般に BF 値は次のように評価されます。

$BF < 3$ not worth　　（データは）証拠に値しない
$BF \geqq 3$ positive　　（データは証拠として）有効である
$BF > 20$ strong　　　同　有力である
$BF > 150$ very strong　　同　非常に有力である

　これは**有効水準**（positivity level）と呼ぶべきものです。p 値を用いた検定の**有意水準** a（アルファ）（significance level）に相当します。ただし現状では p 値の有意水準ほど "有効水準" は研究者間で合意されていません。また有意水準を表す a のような専用記号もありません（用語化されたら語句と記号を差し替える必要あり）。現状では有効水準をいくつにしたかはそのまま「有効水準」として必ず明記するようにしてください（strong 以上の基準はだいたい上記のように合意されている）。

　STAR 提供の R プログラムは有効水準 = 3 に初期設定されています。もし有効水準 = 3 を変更したいときは，次ページの図に示した STAR 画面の「R プログラム」枠内の 3 の数字を書き換えます。書き換えてから「R プログラム」枠上辺の【コピー】をクリック→カーソルを R 画面に移し【右クリック】→【ペースト】すれば正常に実行できます。

　BF 値が $BF = 1$ なら対立仮説 H_1 と帰無仮説 H_0 に優劣はありません。$BF > 1$ で H_1 が支持され，$BF < 1$ で逆に H_0 が支持されます。たとえば $BF = 0.3$ なら，これを逆数にすると $1 / 0.3 = 3.333$ になり，上述の有効水準 = 3 を超えますので，データは今度は帰無仮説 H_0 を支持する有効な証拠となります（添え字を入れ替えて $BF_{01} = 3.333$ と書いて帰無仮説優勢の指標とする）。p 値の検定では有意でないとき帰無仮説を採択するという結論はありえませ

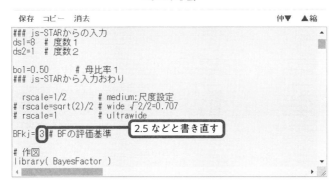

Rプログラム

```
保存  コピー  消去                           伸▼  ▲縮
### js-STARからの入力
ds1=8  # 度数 1
ds2=1  # 度数 2

bo1=0.50    # 母比率 1
### js-STARから入力おわり

  rscale=1/2      # medium:尺度設定
# rscale=sqrt(2)/2 # wide √2/2=0.707
# rscale=1          # ultrawide
                            2.5 などと書き直す
BFkj= 3 # BFの評価基準

# 作図
library( BayesFactor )
```

　んが，**BF** 値は H_1 と H_0 の相対的な優劣比ですから帰無仮説の採択も（**BF**$_{01}$ ≧ 3 を証拠として）可能になります。これがベイズファクタ分析の良さです。**p** 値の検定ではこれまで原理的に証明不可能であった「男女差がない」「人種差がない」という仮説が証明可能になったのです。

　BF 値に付記された **error** = 0% は **BF** 値の数値誤差を表します。たとえば **BF** = 10，**error** = 5% ならば **BF** = 10 ± 0.5 すなわち **BF** = 9.5 〜 10.5 と誤差による変動範囲を読み取るようにします。1 × 2 表の分析では **BF** 値はシミュレーション推定を含まず数理的解析計算だけで算出されるので **error** = 0% になり，表示された **BF** 値をそのまま受け取ってOKです。

　このように，ベイズファクタ分析は **BF** 値をもって統計的仮説検定を行います。しかしながら，ベイズファクタ自体，まだあまり普及していない現状ですから，レポート例の下線部**カ**以降の注釈は必ず付記し，Morey & Rouder(20##) の引用年はR画面で確かめるようにしてください(p.4 参照)。

　また，**BF** 値に詳しくない読者や聞き手にとっては，出力された『結果の書き方』は簡略化しすぎているかもしれません。そういうときは原語を付記し，帰無仮説・対立仮説を明記した次のような書き方に換えてみてください。

　ベイズファクタ分析(Bayes factor analysis, 有効水準＝ 3)を行った結果，帰無仮説「比率 1 ＝比率 2」よりも対立仮説「比率 1 ≠比率 2」を支持す

る有効なエビデンスが示された（**BF** = 3.738, **error** = 0%，両側仮説）。したがって観測値 1 の比率は観測値 2 の比率よりも実質的に大きいといえる。

　p 値の検定では「有意に大きい」「有意差があった」と記述するところを，**BF** 値の検定では「実質的に大きい」または「実質的な差があった」と記述するとよいでしょう。

　さて，レポート例の中の「事後分布」や「95％確信区間」も初出ですが，それらの解説は（ガラリと文体が変わる）以下にゆずります。

1.3　統計的概念・手法の解説 1

●ベイズファクタとは何か

　ベイズファクタ（Bayes factor）は統計学者 Thomas Bayes（1701-1761）の定理を応用した統計指標である。もともとベイズの定理はモデルの不確かさをデータによって改善することを意図したものであり，概念的図式としては"モデルの事前予想×データの出現分布＝モデルの事後予想"として表される。すなわち何らかのデータの出現を予想するとき，モデルの不確かな事前予想に，データの出現分布を掛け合わせると，モデルの予想が（後づけで）確かなものに改善されることを意味している。ベイズの定理は基本的に 1 個のモデルの不確かさの改善を想定しているが，これを 2 個のモデルのどちらがいっそう改善されたかに応用したものがベイズファクタである。

　従来の **p** 値の検定は帰無仮説のモデル（二項分布）にデータを当てはめ，データを評価した（データの出現確率はどの程度かを見た）。これに対して，ベイズファクタ分析はデータにモデルを当てはめる。すなわちデータに帰無仮説のモデル（二項分布）と対立仮説のモデル（後述の一様分布）を当てはめて，2 個のモデルのうちどちらの予想が的中したかを見て，モデル同士を比べようとする。その優劣比較を分数の比として行う（下式）。

$$ベイズファクタ = \frac{P(\text{data}|H_1)}{P(\text{data}|H_0)} = \frac{H_1 \text{が予想したデータの出現確率}}{H_0 \text{が予想したデータの出現確率}}$$

$P(\text{data}|H_1)$ は，H_1 という条件下でのデータ出現確率を表す。これを尤度（likelyhood, 出現しやすさ）と呼ぶ。定義式のようにベイズファクタ（**BF**）は2つの仮説間でデータの尤度（出現確率）を予想しそれを比べる。帰無仮説によるデータ予想確率を分母とするので，その何倍，対立仮説による予想確率が上回っていたかが **BF** 値となる。

実際に本例のデータ［8人 vs 1人］の出現確率を，それぞれの仮説がどう予想したかを求めてみよう。データがまだ得られていない事前の段階では，帰無仮説 H_0 は二項（ハイ，イイエ）の人数に差がないと主張するので，二項の比率を［0.5 vs 0.5］と予想する。したがって $N = 9$ の場合，N の分かれ方は［4人 vs 5人］または［5人 vs 4人］が最も出現しやすい。それらのケースを頂点としたデータの出現確率の分布は理論的に次のような二項分布として予想することができる。

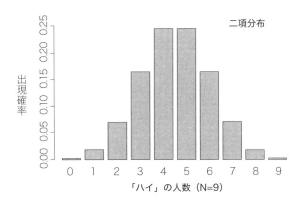

図のヨコ軸は［ハイ vs イイエ］の人数の特定の分かれ方を表す（数字はハイの人数）。タテ軸はそのケースの出現確率を表す。帰無仮説の予想では［4人 vs 5人］［5人 vs 4人］のケースが最大出現確率になる。この確率分布が帰無仮説による事前の不確かな予想となる。

ここで実際に観測された［8人 vs 1人］のバーは右端から2本めであり，その出現確率（バーの高さ）は理論的に求まる（= 0.01758，R画面で

dbinom(8, 8+1, p=0.5, low=0)と入力すると得られる）。この0.01758が，データが得られた事後に改善された帰無仮説の予想になる（不確かな予想が具体的な予想に改善された）。

　さて，帰無仮説に対して一方の対立仮説は「ハイの比率 ≠ イイエの比率」を主張する。しかし具体的に $N = 9$ がどういう分かれ方になるのかは予想しない。特定のケースを予想してくれれば，そのケースを中心に二項分布を事前予想として描けるのであるが，対立仮説はそこまではしない，単に"否定のための否定"である。これは無情報仮説といわれる。やむを得ず，$N = 9$ で出現可能なすべての分かれ方がどれでもよいからとにかく出現するだろう…というような全ケースの出現予想であるとみなす（しかない）。この"みなし"は特定の分かれ方をハッキリ言わないゆえのペナルティとされる。

　$N = 9$ で出現可能な分かれ方（異なりケース数）は［0 vs 9］〜［9 vs 0］の10ケースである。したがって全体確率 = 1をこの10ケースで割って（1 ÷ 10 = 0.1），この0.1を（どれが出現するかわからないがとにかく）出現するであろうシングル・ケースの事前予想確率とする。それゆえ対立仮説の事前の予想は二項分布のような山形にならず，水平な一様分布となる。すなわち，この0.1が極端な［0人 vs 9人］の出現確率にもなるし，穏当な［5人 vs 4人］の出現確率にもなる。まさに不確かさの極致であるが，実際に観測された［8人 vs 1人］の出現確率も0.1として予想していたことになる。

　かくして一応，実際のデータ［8人 vs 1人］が観測されて両仮説の予想が特定された。これで優劣が決まる。帰無仮説の予想（0.01758）と対立仮説の予想（0.1）はどちらがどの程度優れているだろうか。この対比が BF 値である。前述した定義式に当てはめると，対立仮説の BF 値は下式で求まる。

$$BF = \frac{対立仮説が予想したデータの出現確率}{帰無仮説が予想したデータの出現確率} = \frac{0.1}{0.01758} = 5.689$$

　BF 値を図解すると，次ページの図のように，対立仮説・帰無仮説が予想したデータ出現確率の"高さ比べ"になる。

　対立仮説が実際のデータを予想した確率が，帰無仮説よりも5.689倍も高い

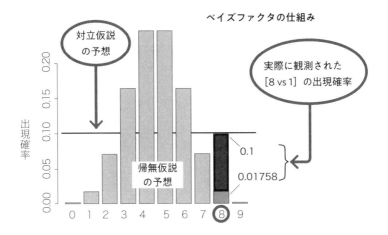

ことが数量的に示された。したがって帰無仮説は劣るので棄却される。またそれ以上に，対立仮説の正しさは帰無仮説の 5.689 倍あるという証拠 (エビデンス) の強さが数量的情報として得られたことが **BF** 値の特長である。この点，p 値は有意であっても，（帰無仮説を棄却できるロジックは持っているが）対立仮説の正しさを主張する情報は持っていない。p 値が小さければ小さいほど対立仮説が正しい…ということにはならない。という以前に，p 値は対立仮説とは原理的に無縁であり，対立仮説について語るべきことは何も持ちえない。研究者は p 値を証拠として対立仮説を支持しているのではない。p < 0.05 のときの "決め事" として（対立仮説の正しさ自体の証拠は何もないにもかかわらず）対立仮説を支持しているにすぎない。p 値は誤った指標というわけではないが，**BF** 値に比べてほとんど情報のない "貧しい指標" なのである。

●確率分布の尺度設定

　上で求まった **BF** = 5.689 という値は，R 画面に出力された『結果の書き方』の **BF** = 3.738 と一致しない。これは帰無仮説・対立仮説の確率分布を描くときの尺度幅の違いによる。

　R 画面に出力された「ベイズファクタ分析」を見ると，**BF** 値が 3 種類あることがわかる。そのうち見出し"**BF_1**"の欄が **BF** = 5.689 で一致する。"**BF_1**"という見出しは *rscale* = 1 という尺度設定を表す。その設定で予想確率分布を描いて比較すると **BF** = 5.689 になり，*rscale* = 0.5 の設定で予想確率分布を描

いて比較すると **BF** = 3.738（**BF_0.5** の欄）になる。

　上述の解説は図解の都合から **rscale** = 1 の設定で **BF** 値を計算したが，R プ
ログラムの初期設定は実は **rscale** = 0.5 になっている。それで『結果の書き方』
は **BF** = 3.738 を採用している。尺度設定はこのように **BF** 値の大小に直接影
響するのでレポートには必ず明記しなくてはならない（レポート例の下線部
キ）。オプションとして 3 つの尺度設定 **rscale** = 0.5, 0.707, 1 があり，それに
合わせて R 画面の出力も，**BF_0.5, BF_0.707, BF_1** の 3 つの欄を設けている。

　通常は初期設定の **rscale** = 0.5 を変えるべきではないが，もし変えたいとい
うときは，STAR 画面の「R プログラム」枠内において，2 行めまたは 3 行め
の **rscale** を選び，先頭の "#" を消す（下図参照）。それから，p.7 の手順❺か
ら操作すれば当該設定で分析した『結果の書き方』が出力される。

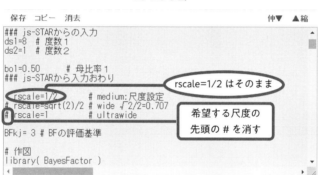

　こうした確率分布の尺度は，実際のデータに小さい差が予想されるときは小
さく，大きい差が予想されるなら大きく設定するとよいらしいが（真の差がと
る値の 50 ％が ± **rscale** の範囲になると仮定する），実用上の使い分けには定則
がないようである。このような事前の尺度設定の違いによる **BF** 値の（けっこ
う大きな）変化はベイズファクタ分析の今後の検討課題の一つといえる。

　なお幸いにも，ベイズファクタとは何かについて R パッケージ BayesFactor
の開発者の一人 Richard D. Morey 氏による親身で平易な解説が下記サイトで
公開されている。本書の解説はその受け売りにすぎない。適確な理解を得るた
めにぜひ閲覧してください。

http://bayesfactor.blogspot.com/2014/02/the-bayesfactor-package-this-blog-is.html

● 95％確信区間推定

『結果の書き方』の後半に，ハイの比率の**95％確信区間**（credible interval, 信用区間と訳されることもある）が記述されている。これは従来用いられている**95％信頼区間**(confidence interval)に相当する（どちらも*CI*と略記される）。いずれも**統計的検定**のあとの**統計的推定**として行われる。[8人 vs 1人]のデータについて信頼区間と確信区間を比べてみると，下のように若干異なる。

ハイの比率の区間推定	2.5％ 点	97.5％ 点
95％**信頼**区間推定	0.518	0.997
95％**確信**区間推定	0.487	0.928

注）信頼区間は Clopper & Pearson 法，確信区間は MCMC 法による。

理論上，95％信頼区間は 100 回中 95 回の真値の出現範囲（すなわち 95 個の標本の範囲）であり，真値自体の範囲ではない。真値は特定の値で存在するが未知である。これに対して，95％確信区間は真値自体の変域（95 個の真値の範囲）であり，まさに真の値（本例ではハイの真の比率）として語ることができる。理論上・計算上は明確に異なるが，実用上は *N* が大きければ両者の区間は近似する。他の手法でも次元や要因が 2・3 個程度なら大差はない。

注意すべきは，95％信頼区間は 5％水準の *p* 値の検定の逆表現として有意性の裏付けに使うことができるが，確信区間は *BF* 値の有効性の保証にはならない。すなわち *BF* 値の有効性と確信区間は基本的に対応しない。特に *N* が小さいときは *BF* 値の有効性に反することがある。たとえば上記の確信区間は 0.487 ～ 0.928 であり，帰無仮説の主張する「ハイの比率 = 0.50」を含んでしまう。*BF* 値が「ハイの比率 ≠ 0.50」を支持したにもかかわらず確信区間がそのように反証を示すことが起こりうる。もちろん，その場合も，対立仮説のほうが帰無仮説の 3 倍以上も有望であるという結論を変える必要はない。検定は検定で結論を得て，推定は推定で見通しを得ればよい。しかしながら，*BF* 値の検定と確信区間の推定を同じ文脈で扱うと混乱する場合があるので気をつける必要がある。STAR 提供の『結果の書き方』は確信区間を参考情報として報告するにとどめて，検定に特化している。もし不要な議論を呼ぶようであれば，推定結果の記述部分はカットしたほうがよい。

実際，計算上，確信区間の推定はもはやベイズ推定とはいえない。検定の事

後に MCMC 法（Markov Chain Monte Carlo algorithm）という乱数シミュレーションによって探索された結果である。本例の 95% 確信区間は 1 万回のシミュレーションによる 1 万個の「ハイの比率」から成る分布（データ入手後の推定なので**事後分布**という）の最小 250 番めと 9750 番めの値である。理論的分布から導出された値ではないので，分析のたびに確信区間の数値は若干違ってくる。こうしたシミュレーション推定について本書は立ち入らないが，古典的な 18 世紀のベイズ理論を今日まで利用できなかったのはそうしたデータ分布の解析計算が困難であったところをコンピュータ・シミュレーションの発展により突破口が見いだされたことによる。MCMC 法による統計的推定は特にビッグデータについて今後進展が期待されるテーマである。

●真の比率の範囲検定

R 画面の出力末尾に『オプション』が表示される。いくつかのオプションのうち【観測値 1 の真の比率の範囲検定】を実行すると，「ハイ」の真の比率が特定の"境界"よりも大きいかどうかをベイズファクタで検定してくれる。

たとえば今回「ハイ」の標本比率は 0.889 であった。もしアメリカの調査で子犬を好む比率が 0.90 以上あったと知られるなら，今回の日本における追試でも「ハイ」の真の比率が"境界 = 0.90"を上回るかもしれない。そうした仮説を検定することができる。この範囲検定の実行は次の手順による（R 画面のオプションはすべて同様の手順で実行できる）。

❶キーボードの【↑】キーを何回か押す
　→「観測値 1 の真の比率の範囲検定」を画面に表示させます。
❷カーソルを【←】キーで"境界 = 0.50"のところに移動させる
　→「境界 = 0.50」を「境界 = 0.90」に書き換えます。
❸カーソルを【←】キーで行頭に移動させる
　→行頭の"#"を消去してから【Enter】キーを押します。
　　または（特に Mac OS では）図のように，オプションをドラッグ→右クリック→［コピー］→右クリック→［ペースト］し手順❷❸を実行します。

これで次のように検定結果が出力される。

```
>  ES.P1（境界＝0.9）# 観測値1の真の比率の範囲検定
H1：P1 ＞ 0.9（BF=2.7，error=0%）
H0：0.5 ＜ P1 ≦ 0.9（BF=0.37）


観測値1の真の比率（P1）の範囲についてベイズファクタによる検定を
行った結果，「P1 ＞ 0.9」と仮定したときの「0.5 ＜ P1 ≦ 0.9」に対する
BF 値は有効程度に達しなかった（BF=2.7，error=0%）。
>
```

　結果として，残念ながら「ハイ」の真の比率が 0.90 超であるという仮説（P1 ＞ 0.90）は有効といえなかった。しかし **BF** 値は 2.7 あったので，真値が 0.90 以下であるという仮説（P1 ≦ 0.90）よりも 2.7 倍は優勢である（というふうに参考知見として記述できるだろう）。これは帰無仮説と対立仮説という比較ではなく，真値の範囲についての「仮説 1」対「仮説 2」の比較になる。このように **BF** 値はモデル一般の優劣比較に柔軟に使えるのである（**p** 値は帰無仮説専用）。そうした汎用性もまたベイズファクタの良さである。

　BF 値の検定によって帰無仮説を棄却できたら，その後にこうした真値の推定を行って真値がだいたいどんな値をとるかについて確信に足る（credible な）情報を追加することもたいへん有益である。**p** 値の検定ではやはり不可能なオプションであり，ぜひ積極的に使っていただきたい。

演習 1b　　**統計的仮説検定のシミュレーション**

　　先の演習 1a の「子犬は好きですか」に対するハイ＝8人，イイエ＝1人の結果をシミュレーションで再現し，p 値と BF 値を求めなさい。

1.4　シミュレーションの操作手順

　前の演習ではRプログラムによって分析できるための学習を行いました。そ

れに続けて，この演習ではシミュレーションによって*わかる*ための学習を行ってみましょう。それも文章を読解するというのではなく，シミュレーションの設定操作をするだけでそのグラフィックを見るとわかる…という視覚的イメージの学びを行ってみます。

●シミュレーションの基本操作

データは演習 1a と同じ子犬のデータ［8 人 vs 1 人］とします。以下の黒丸数字の順番に操作していってください。1 行 1 操作です。

❶ STAR 画面左の下方にある見出し［シミュレーション］を探す
　→かなり下のほうにあります。画面をスクロールして見つけてください。
❷ メニューリストの中の【1 × 2 表（二項検定／ BF 分析）】をクリック
　→シミュレーションの設定画面が表示されます。
❸ 初期値［N = 14］を［N = 9］と入力する
　→［4 人 vs 5 人］と［5 人 vs 4 人］を頂点とする二項分布が描かれます（下図の中段のグラフ）。

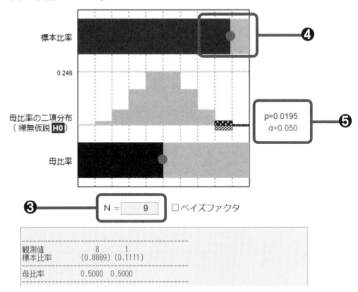

中段の二項分布は，総人数（N）= 9 なので 10 本のバーで構成されます。ヨ

コ軸は子犬を好む 0 人〜9 人の各標本になっています。描かれたバーの高さが各標本の出現確率になります。帰無仮説（H$_0$）は二項の人数に差がない，すなわちハイ・イイエの比率［0.50 vs 0.50］を主張しますから［4 人 vs 5 人］と［5 人 vs 4 人］のバーが最も高くなります。具体的にはどちらも出現確率 = 0.246 となり（グラフ枠左の 0.246），2 つの標本で全標本の約 50％を占めることがわかります。この二項分布の中に観測された標本［8 人 vs 1 人］も出現します。

❹ 上段の［標本比率］のグラフの●を右に動かす
　　→ポインタを●に当ててマウスで動かし，下段枠内の［観測値］が［8 人 vs 1 人］になるようにします。これでデータが再現できました。［8 人 vs 1 人］のバーは二項分布の中で青色で示されています。この時点ですでに正確二項検定が終わっています。
❺ グラフ枠右に表示された p 値を読み取る
　　→ p = 0.0195 が正確二項検定の結果です。

　この **p** = 0.0195 は，観測された［8 人 vs 1 人］とその右の［9 人 vs 0 人］の出現確率を合わせた合計値になっています。つまり今回の差とそれ以上の差が出現する確率が **p** = 0.0195 であり，二項検定の分布の中ではわずかしか出現しないことが示されます（100 回中 2 回未満）。
　バーの直下に描かれた赤色の（図中では斜線で示した）"倒立したバー"は有意水準（**a** = 0.05）の領域を表します。したがって上の青色の（図中ではドットで示した）バーが下の赤色の領域におさまっていれば「有意」と判定されます。グラフでは青色（ドットのバー）は赤色（斜線）の領域にぴったり入っており，はみ出していませんので有意です。

　このようにシミュレーション設定を行うだけで検定を実行でき，その有意性をグラフィックから視覚的に読み取ることができるのです。今は二項検定でしたが，続けてベイズファクタ分析を模擬的に再現してみましょう。

❻ チェックボックス［□ベイズファクタ］をチェックする
　　→ベイズファクタの□にチェックを入れます（❻-1）。

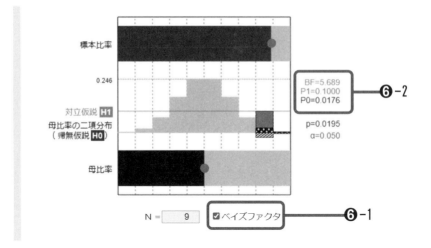

図中のラベル:
- 標本比率
- 0.246
- 対立仮説 **H1**
- 母比率の二項分布（帰無仮説 **H0**）
- 母比率
- BF=5.689 P1=0.1000 P0=0.0176 ← **❻-2**
- p=0.0195 α=0.050
- N = 9 ☑ベイズファクタ ← **❻-1**

　これだけで，もはやベイズファクタ分析も終わっています。グラフ枠右に表示された数値（**❻-2**）を見てください。それらを下のように分子・分母に見立てましょう。

$$\textbf{\textit{BF}} \;=\; 5.689 \;=\; \frac{\text{P1} = 0.1000}{\text{P0} = 0.0176} \;=\; \frac{\text{H}_1\,が予想したデータ出現確率}{\text{H}_0\,が予想したデータ出現確率}$$

　H_1 が予想したデータ出現確率が H_0 よりも 5.689 倍も高く，実際に観測された［8 人 vs 1 人］をより良く予想したことが示されました。二項分布の［8 人 vs 1 人］のバーのところで "高さ比べ" が行われたことに注目してください。かくして帰無仮説 H_0 を棄却し，対立仮説 H_1 を採択するという結論になります。

　結果として，このシミュレーションでは正確二項検定の p 値も有意であり（$p = 0.0195 < 0.05$），ベイズファクタ分析の **BF** 値も有効でした（$\textbf{\textit{BF}} = 5.689 \geqq 3$）。どちらの検定も帰無仮説を棄却し，子犬を好きな人が「実質的に多い」ことを証明することができました。同一の［8 人 vs 1 人］のデータを証拠とするのですが，p 値と **BF** 値ではそこからどのように証明を導くかが違うわけです（p 値は 1 個の分布内での判定，**BF** 値は 2 個の分布間の判定）。そうした違いをシミュレーションによって理解してください。

●シミュレーションの応用操作

シミュレーションの良さは，実際のデータを後追いで再現するだけでなく，ユーザー自身が自由に設定を変えて結果がどう変わるのかを先取りできることです。演習のデータは望ましい結果になりましたが，「p 値が有意にならない」「BF 値が有効に達しない」という望ましくない結果をわざとつくり出してみることができます。そうした非現実や好ましくない結果を試せるのもシミュレーションのおもしろさの一つです。次の手順で操作してください。

❼ ［標本比率］のグラフの●を左方向に 1 段階動かす
　→下段の［観測値］が［7 人 vs 2 人］になるようにします。全体画面は下図のようになります。

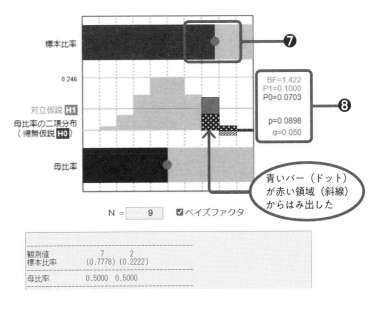

観測値	7	2
標本比率	(0.7778)	(0.2222)
母比率	0.5000	0.5000

❽ 枠外の p 値と BF 値を読み取る
　→p = 0.0898 で有意でなくなりました。グラフを見ると，青色（ドット）のバーが直下の赤色（斜線）の領域（有意水準の領域）からはみ出したことがわかります。

　BF = 1.422 も有効判定（$BF \geqq 3$）を割り込みました。図中の対立仮説の水平線はまだ帰無仮説の予想したバー（ドット）よりも 1.422 倍高い

のですが，その程度の倍率では証拠として有効ではないということです。
❾ ［標本比率］の●をさらに左方向にもう１段階動かす
→ ［観測値］が［６人 vs ３人］になるようにしてみましょう。
❿ 枠外の p 値と BF 値を読み取る
→ ［６人 vs ３人］のバーがついに対立仮説の水平線を突き破ってしまいました。対立仮説が予想したデータ出現確率は P1 = 0.1 でどんなケースでも変わりません。しかし帰無仮説は［６人 vs ３人］の出現確率を P0 = 0.1641 と対立仮説よりも高く予想するようになりました。このため BF = 0.1 ／ 0.1641 = 0.6100 となり，対立仮説の BF 値は１を下回り劣勢となりました。

p 値のほうも p = 0.2539 であり，もはや青色（ドット）のバーが赤色（斜線）の有意水準の領域におさまる気配は見られなくなりました。

このようにシミュレーションは，ああしたら，こうしたら…どうなるという自由な発想に付き合ってくれます。いろいろな試行を繰り返し，p 値の検定と BF 値の検定を比較してみてください。以下，このシミュレーション・メニューに関する補足事項です。

＊画面の二項分布の中央付近をクリックすると（クリックを保持），p 値の有意水準の領域（赤色）が分布の両側に折半されます。クリック保持の間，有意水準 0.05 を両側に 0.025 ずつ分けます。それゆえ両側検定は有意の領域が狭くなります。片側で有意であっても「両側ではどうかな」と調べたいときは分布中央付近をクリックして，青色のバーが赤色の領域からはみ出るか否かを見てください。

＊このシミュレーションでは，ベイズファクタ分析は両側検定のみをサポートします。もし片側検定を行うなら BF 値は通常２倍になります（図中の水平線の高さが２倍高くなる）。$N = 10$ で出現可能な標本は全 10 標本でしたが，対立仮説を「ハイの比率 ≠ イイエの比率」から「ハイの比率 ＞ イイエの比率」と片側（単方向）の仮説にすると［５人 vs ４人］から右方向の［６人 vs ３人］［７人 vs ２人］…［９人 vs ０人］の５本のバーの出現を予想しますから，全体確率 1 ÷ 5 標本 = 0.2 が対立仮説の予想値になるわけです。BF 値の計算式の分子を 0.1 から 0.2 に置き換えれば片側検定

の *BF* 値が求まります。

＊ *BF* 値が有効以上で対立仮説が支持されても，それは全標本の出現確率が
　等しいという一様分布が支持されたわけではありません。二項の比率が
　"≠" という主張が支持されたということです。この "≠" の一例として
　一様分布が仮定されたにすぎません（ペナルティを加えて）。

＊ STAR 画面に描かれる二項分布のタテ軸（出現確率）は総度数 *N* に合わ
　せて調整されます。常時同じ寸法ではありません。バーの高さ（出現確率）
　をイメージするときは二項分布の最高点を基準にしてください（p.22 の枠
　外左に 0.246 のように表示される）。

＊本例では帰無仮説の［母比率］を［0.50 vs 0.50］に固定しましたが，画
　面下段にある［母比率］の●を左右に動かし，母比率を変えることも可能
　です。そうすると母比率不等の検定をシミュレートすることができます。
　次章の Chapter 2 で演習してみましょう。

1.5　統計的概念・手法の解説 2

●ベイズファクタ分析のメリット

　ここまで *p* 値と *BF* 値を比べてきたことでわかるように，統計分析には異な
る 2 つのアプローチがある。それは頻度論統計学（frequentist statistics）と
ベイズ統計学（Bayesian statistics）である。頻度論統計学に基づく *p* 値の検
定に相当するものとしてベイズ統計学において仮説検定用に開発された手法が
ベイズファクタ分析（Bayes factor analysis）である。したがって統計的仮説
検定の基本的枠組み（帰無仮説と対立仮説の設定）は両者で共通している。決
定的な違いは検定に用いる統計量，すなわち *p* 値と *BF* 値である。

　近年，従来の *p* 値に対して大挙して批判が集中し，代替指標として *BF* 値が
普及し始めている。この理由は次のような *p* 値の欠点と限界にある。

・*p* 値は帰無仮説が棄却できるか否かの情報しか与えない
・*p* 値は対立仮説がどの程度正しいかについて情報を持たない
・*p* 値が有意でないときも帰無仮説を採択すべきか否かの情報を持たない

繰り返すと p 値は "貧しい指標" である。この貧しさに対処するため p 値に加えて検出力（power）や効果量（effect size）を別途付記する改善がこれまでなされてきたが、根本的に p 値を用いない方法として登場しているのがベイズファクタ、すなわち BF 値である。BF 値については次のようなメリットが特筆される。

・BF 値は対立仮説を採択する "証拠の強さ" を量的に示せる
・BF 値は帰無仮説を採択する証拠も量的に示せる（BF_{01} として）
・BF 値は多重比較または多数回検定に伴う調整が不要である
・従来の検定統計量（χ^2 値や t 値、F 比等）が不要である

　さらに誤解を恐れず言えば、後づけの仮説を検定したり、興味のある比較を好きなだけ検定したりすることができる（BF 値を得ること自体を目的とするならば）。特に p 値の検定では何回も標本抽出と有意性検定を繰り返す継続分析（sequential analysis）は禁じ手であった。有意水準 $a = 0.05$ が動いたり、$p < 0.05$ になった時点で故意に標本抽出をやめたりするルール違反（optional stopping）が起こるからである。しかしベイズファクタ分析では問題ない。というよりは、まさにベイズ流の統計分析自体がデータの反復的蓄積とモデル予測力の逐次的改善のための方法論にほかならないからである。
　こうしたベイズ流の検定法のシンプルな良さを、本書の演習例において実感してほしい。同時にまたベイズファクタ分析の問題点として帰無仮説の棄却が容易でないこと、すなわちタイプⅠエラー（帰無仮説を誤って棄却するエラー）への防御が過剰に高いことも、本書を読み進めていく中で感じ取っていただきたい。
　統計学内部では頻度主義とベイズ主義の論争が続いているようであるが、ユーザーにとってはデータ分析の道具がまた一つ増えるだけのことである。p 値または BF 値のそれぞれの注意点や問題点を十分に理解して使用すれば、いずれの分析結果も利用価値と報告価値を失うことはない。

● 二項検定の p 値と BF 値の比較
　1×2 表の分析で総度数を $N = 50, 100, 1000$ としたときに、p 値が有意に

なるケースと **BF** 値が有効になるケースを比べてみよう。結果として下の表のようになった。

(N = 50)	値 1 vs 値 2	p 値	$BF_{-0.5}$	$BF_{-1.0}$
	34 vs 16	0.015*	6.19*	4.48*
	33 vs 17	0.033*	3.31*	2.24
	32 vs 18	0.065	1.91	1.22
(N = 100)	値 1 vs 値 2	p 値	$BF_{-0.5}$	$BF_{-1.0}$
	63 vs 37	0.012*	5.95*	3.67*
	62 vs 38	0.020*	3.69*	2.21
	61 vs 39	0.035*	2.38	1.39
	60 vs 40	0.056	1.59	0.91
(N = 1000)	値 1 vs 値 2	p 値	$BF_{-0.5}$	$BF_{-1.0}$
	547 vs 453	0.003*	6.39*	3.29*
	546 vs 454	0.004*	5.31*	2.73
	⋮ ⋮			
	543 vs 457	0.007*	3.12*	1.60
	542 vs 458	0.009*	2.63	1.34
	⋮ ⋮			
	532 vs 468	0.046*	0.60	0.30
	531 vs 469	0.054	0.53	0.27

* $p < 0.05$, $BF \geqq 3$

　表中では，$p < 0.05$ または **BF** $\geqq 3$ と判定されるケースにアスタリスク（＊）を付した。**BF** 値の事前分布（logistic 分布）の尺度設定は *rscale* = 0.5, 1.0 の 2 種類に設定した（表中の "**BF**$_{-0.5}$" と "**BF**$_{-1.0}$" の欄）。たとえば最上段の総度数 N = 50 のとき，その度数の分かれ方 [34 vs 16] は $p = 0.015$ で有意であり，また *rscale* = 0.5, 1.0 に設定した **BF** 値も **BF**$_{-0.5}$ = 6.19, **BF**$_{-1.0}$ = 4.48 でともに有効であると読む。

　この結果を見ると，総度数 N = 50 のとき，有意・有効になる度数の分かれ方はほぼ完全に一致する。総度数 N = 100 のときも有意・有効になる度数の分かれ方はほとんど一致する。N = 1000 になると，11 〜 15 個の度数の違いで相対的に p 値が有意になりやすく，**BF** 値が有効になりにくいという差がはっきり現れる。このことから，p 値と **BF** 値を使い分けるなら N = 100 が一つの

境界になるように思われる。$N = 100$ 以下ならどちらを用いても検定の結論は変わらない（帰無仮説の採択を検定する場合を除く）。問題は $N > 100$ の場合である。$N = 100$ を超えると両者のふるまいに違いが見え始める。表では明確に違いがわかるように $N = 1000$ のケースを設定した。

　繰り返すが帰無仮説の棄却のみに限定し，かつ p 値に加えて効果量（effect size）の評価も必須とする場合に限っての見解として以下を述べる。

　p 値と BF 値の使い分けは研究目的・研究戦略の区別に帰着するだろう。たとえば前ページの $N = 1000$ の表の値 1・値 2 を時の政権の「不支持」「支持」としてみよう。すると，p 値は不支持 53.2% から"危険"を見つけ告知し始める（$p = 0.046 < 0.05$）。政権が危機管理を重視する場合，p 値の有意性をもって対策会議を招集する動機となるだろう。一方で，BF 値のほうは不支持率がもう 1 ポイント上がって不支持 54.2% になってもまだ「不支持の証拠として有効でない」（$BF = 2.63 < 3.00$）として結論は保留される。アクションは起こらない。再現性のある確定的な結果に基づく判断でなければ急場の対応や対策は"空振り"に終わるだろうから，これはこれで一理ある。

　別の例として，$N = 1000$ の値 1 を新薬の「効果あり」としてみよう。おそらく p 値は効果の検出率を高めるに違いない。しかしながら，新薬の実用化を目的とした場合，BF 値の検定を用いて"知見の通過基準"を上げたほうが新薬の安全性と有効性の担保において勝る。ただ，新しい薬効成分の発見を目的とした場合，BF 値の有効水準に達しない試料は廃棄されてしまい，もしかすると開発の"芽"を自ら摘み取ってしまうかもしれない。

　以上は統計的方法のユーザーの視点から知見の相対的な採否を言っているだけである。どちらが正しいか誤っているかという話では全然ない。あくまで相対的に $N = 100$ を超えてくると p 値は再現性が低く，BF 値は保守性が高いということである。データ分析の方法と指標は研究目的・研究戦略次第で選ぶべきことは論をまたない。その意味において p 値と BF 値の使い分けはきわめて簡明である。すなわち単にその選択は上述の"知見の通過基準"の選択にほかならない。発見研究は p 値を選択し，追試研究は BF 値を選択すればよいということである。

　研究目的・研究戦略とは別に，もう一つの"使い分け"の発想として研究対

象・研究領域を区分することも考えられる。身体機序を含めた物化生地農工医学の自然事象については **BF** 値を標準とし，心理・社会事象については **p** 値を常用とした使い分けもむしろ生産的・建設的であると考えられる。社会構成体としての心と行動は現行の構成作用が強大であり，そんな中で募った参加者を対象とする開発的・介入的仮説の検証はなかなか有意水準にたどりつかない。有意傾向（$p < 0.10$）まで拾うことをレポート・論文の冒頭に宣言してもよいくらいである。周知のように現実の選挙は現職が強い。社会にラットのような無垢な人間はいないのである。人間心理に適用される **BF** 値は帰無仮説に味方し，既存の人心構成作用を正当化するだろう。

（後述 p.80 へ続く）

Column 1　セルへの数値入力の基本と小技

半角数字

　セルやテキストエリアに入力できる数値は，半角数字およびマイナス記号，小数点です。全角を使うとエラーになりますので注意しましょう。要因名は，英数字と日本語の入力ができます。

入力セルの移動

　値を入力したいセルをマウスで選択すると，セルの背景色がグレーから白に変わります。これを"セルをアクティブにする"と言います。

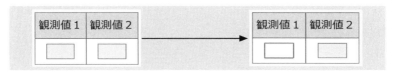

　次のセルへの移動は，【TAB】キーを使うと楽です。
　前のセルに戻る場合は【Shift】＋【TAB】です。

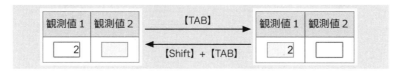

値の増減

　セルをアクティブにした状態で【上矢印↑】キーか【下矢印↓】キーを押すと，セルに入力された値を1ずつ増減できます。

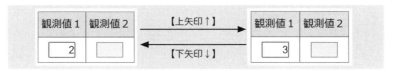

スピンボタン

　入力セルによっては，右端に上下の【▲▼】ボタンが表示されます。
　【▲】クリックで1増，【▼】クリックで1減になります。キーボードの【上矢印↑】キーで1増，【下矢印↓】キーで1減もできます。セルへの直接入力も可能です。

要因名：	A	×
水準数：	2 ♦	

2

1×2表・母比率不等の
ベイズファクタ分析

※ BayesFactor の関数 proportionBF 使用

この章では，前章に引き続きシミュレーション・メニューを使ってベイズファクタ分析を行ってみます（演習 2a）。また，実用例として母比率不等のベイズファクタ分析のレポート作成を演習してみましょう（演習 2b）。

演習 2a　**鶏肉は低温調理がおいしい**

鶏むね肉は低脂肪，高タンパクが魅力で人気が高い。しかし高温で加熱するとタンパク質が凝固し肉質が硬くなってしまう。そこで今注目されているのが低温調理である。確かに低温調理の鶏むね肉は高温調理よりもジューシーでおいしい。しかし，低温調理は 65℃ 60 分とやや時間がかかるので，少し温度を上げ時間を短縮し 68℃ 45 分の調理ではどうなるかを調べてみた。

研究協力者 30 名に 65℃ 60 分と 68℃ 45 分で調理した 2 品の鶏むね肉を試食してもらい，どちらがおいしいか回答を求めた。回答者には温度と時間を伏せ，両方の鶏肉をトレイに置いた位置（右か左か）で答えてもらった。トレイに載せる鶏肉も協力者ごとに無作為に左右を入れ替えた。回答に迷う可能性もあるので「どちらともいえない」という回答も "あり" とした。

結果として，65℃ 60 分の鶏肉を答えた者が 19 名，68℃ 45 分の鶏肉を答えた者が 8 名，どちらともいえないが 3 名であった。65℃ 60 分の鶏肉を美味とする回答が実質的に多いといってよいだろうか。統計的に分析しなさい。

2.1　シミュレーションの操作手順

まず，「どちらともいえない」の 3 名を除いて 65℃ 60 分の回答者 19 人と68℃ 45 分の回答者 8 名を比較してみます。ここでは特に先行知見はありませんので母比率同等を仮定します。帰無仮説は「65℃ 60 分の回答者数 = 68℃ 45分の回答者数」を主張し，対立仮説はその単純な否定（≠）となります。前章

のシミュレーション・メニューと同じ【1×2表（二項検定／BF検定）】を
使います。

❶ シミュレーション【1×2表（二項検定／BF検定）】をクリック
　→初期画面が表示されます。
❷ 総数30人から中立回答者3人を除き［N = 27］と入力する
　→ N = 27 の二項分布が表示されます。

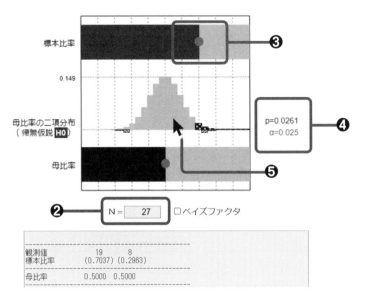

❸［標本比率］の●を動かし［19 vs 8］にする
　→下段枠内の［観測値］が［19 vs 8］になったことを確かめます。その時
　　点で［19人 vs 8人］の正確二項検定が終わっています。
❹ 枠外の p 値を読み取る
　→枠外に p = 0.0261 と表示されています。p < 0.05 で有意です（青色（ドッ
　　ト）のバーが赤色（斜線）の領域におさまっている）。しかしこれは片側
　　検定です。あらかじめ65℃60分と68℃45分のどちらがおいしくなる
　　かを仮定する理由はないので、片側検定ではなく両側検定を行わなけれ
　　ばなりません。
❺ 二項分布の中央付近をクリック（保持）
　→クリックを保持すると標本［19人 vs 8人］の青色（ドット）のバーが

有意水準の領域外に，はみ出すことがわかります。両側検定では有意にならないのです。

　慣例化された検定手続きでは，片側確率を $0.0261 \times 2 = 0.0523$ と2倍して両側確率にしてから有意水準 $a = 0.05$ に対照するのですが，正確には $p = 0.0261$ を半減した有意水準 $a_{1/2} = 0.025$ に対照し領域外（有意でない）と判定します。もし知見として拾うなら有意傾向で拾うことはありえますが，苦肉の策でしょう。うまい・マズイはもっと簡明なものです。ベイズファクタ分析ではどうでしょうか。

❻［□ベイズファクタ］をチェックする
　→ $BF = 2.159$ と表示されます。

　図中には対立仮説の予想を表す水平のラインが引かれます。$N = 27$ の異なり標本数は28ケースですから，対立仮説の予想水平線の高さは P1 $= 1 ／ 28 = 0.0357$ となります。この 0.0357 と，帰無仮説が予想した［19人 vs 8人］のバーの高さ（P0 $= 0.0165$）が対比されます。すなわち $BF = 0.0357 ／ 0.0165 = 2.159$ であり，対立仮説の予想が帰無仮説の 2.159 倍優れていることが見いだされました。ただし有効水準 $= 3$ に達しないので決定的ではなく，帰無仮説を棄却しうるほどの価値はない（not worth）と判定されます。

　低温調理同士の鶏肉の対決は残念ながらおいしい結果が出ませんでした。しかしながら，元のデータでは $N = 30$ で「どちらともいえない」という回答者が3名いました。この3名のデータも活かして分析できないでしょうか。やってみましょう。

❼総人数を ［N = 30］ と入力する
　→ $N = 30$ の二項分布が新たに表示されます。
　　ここで $N = 30$ を 65℃ 60分の回答者 19人とそれ以外の回答者 11人とに分けて ［19人 vs 11人］ という比較を行ってみましょう。
❽［標本比率］の●を動かし ［19 vs 11］ の人数に合わせる
　→下段の ［観測値］ が ［19 vs 11］ になったことを確認してください。

このとき 65℃ 60 分の 19 人は 1 セ̇ル̇の人数です（**セル** cell は表枠を指す，原意は細胞）。対する 11 人は 2 セルの合計です。したがって公平な比較をするために母比率は 1 対 1（0.50 vs 0.50）ではなく，セル数に応じた 1 セル対 2 セル（0.3333 vs 0.6667）に設定する必要があります。そこで母比率を動かします。

❾　［母比率］のグラフの●を動かし母比率を調整する
　　→表内の［母比率］が 1 セル対 2 セルの［0.3333 vs 0.6667］となるように●を動かしてください。
❿検定結果の p 値と BF 値を読み取る
　　→今度は p = 0.0007, BF = 59.446 というすばらしい結果が得られました。p 値は高度に有意（highly significant）で帰無仮説を葬ることができます。また，BF 値も非常に有力（very strong）で対立仮説を高く掲げることができます。母比率を［1 セル vs 2 セル］とした成果です。

　ちょっと待った，その母比率不等の検定はフェアではないのでは？　65℃ 60 分の鶏肉が "68℃ 45 分の鶏肉に勝った" とはいえないのではないか…と思う人がいるかもしれません。その通りです。65℃ 60 分の鶏肉が勝ったのは 68℃ 45 分の鶏肉に…ではなくて，母比率 1 ／ 3 = 0.3333 に対してなのです。そう設定した "母比率に勝った" というのが真相です。つまり，65℃ 60 分の鶏むね肉に対する "おいしい" という回答は母比率 1 ／ 3 超であったということです。すなわち N = 30 のうち 3 人に 1 人以上がおいしいと答えたのであり，68℃ 45 分の鶏むね肉をおいしいと答えた人数よりも多かったというわけではありません。それが母比率不等の正しい解釈です。

　ということであれば，セル数を母比率とするのではなくて，ストレートに任意の母比率をセットしてもよいはずです。すなわち総人数 N のうち何％の人に「おいしい」と答えてもらいたいかという希望的予測をそのまま母比率に設定してもよいわけです。たとえば母比率を［0.3333 vs 0.6667］から切り̇よ̇く̇上げて［0.4 vs 0.6］とすれば，どうでしょうか。3 人に 1 人から，5 人に 2 人はおいしいと答えるだろうという仮説になります。こうした希望や目論見を簡単に確かめられるのがシミュレーションの効用です。やってみましょう。

⓫母比率のグラフの●を動かし［0.4 vs 0.6］に合わせる

> →すぐに p = 0.0083, BF = 5.921 が得られます。したがって 65℃ 60 分調理に対する美味の回答率は 3 人に 1 人から上げて，5 人に 2 人であることを有効な知見とすることができます。　　※データは架空のものです。

この調子で，さらに 0.4 から上げることもできるでしょうか。母比率の●をマウスで連続的に動かすだけで，p 値・BF 値の変化を確かめながらどこまで上げられるかが簡単にわかるでしょう。何回も恐縮ですがこれがシミュレーションの良さなのです。

2.2　統計的概念・手法の解説 1

● p 値と BF 値の検定の仕組み

　上のシミュレーション操作のように，（最初の検定が思わしくなくて）同一の標本を 2 セル対 1 セルに分けてみたり，母比率を任意に変えてみたりして何回も検定することは，実は p 値の検定ではルール違反である。

　p 値を算定するときの標本と母集団の関係を，くじ引きにたとえてみよう。p 値の検定では "くじ箱"（＝母集団）の中のアタリ（有意）の枚数は常に 100 枚中 5 枚と決まっている。したがって何回もくじを引けばそれだけアタリが出やすくなる。一応，検定の回数に応じて p 値を当たりにくく（有意になりにくく）する修正が行われるが，原則として p 値の検定は "1 回限りのくじ引き" でなければならない。その 1 回きりで p 値の検定はアタリくじ（有意な標本）を引き当てようとするやり方なのである。

　これに対して，ベイズファクタ分析ではこうした多数回検定の問題は起こらない。というよりも発想が逆である。ベイズファクタのアプローチは，観測された標本に最も適合するモデルを探そうとする。いわば，<u>実際に引いたくじ（＝標本）をアタリにしてくれる "くじ箱" を見つけ出そうとする</u>。すなわち手にした標本をアタリとしてくれる確率を "くじ箱" 間で比べるのである。そんな都合のよいくじ箱を選ぼうとする。この比較に用いられるのが BF 値であり，標本のアタリ確率が他のくじ箱よりも高い "優れたくじ箱"（＝モデル）を BF 値は示唆するのである。

母比率のグラフの●を左右に動かすことは，標本にとって好都合のくじ箱を探していることになる。その際，もちろんアタリになる $BF \geqq 3$ を目安に母比率を変えてゆくのであるが，それは違反でもインチキでもなくベイズファクタ分析の通常のルーティンなのである。

　このような p 値と BF 値の検定法の違いは『〈全自動〉統計』で言及した有意性検定と**統計モデリング**の違いでもある。ベイズファクタは有意性検定の<ruby>牙城<rt>がじょう</rt></ruby>に入り込んできた新発想の"トロイの木馬"といえる。その外見は「帰無仮説 vs 対立仮説」という装いをまとっているが，中身はモデルセレクションにほかならない（帰無仮説と対立仮説のどちらを選出するかを問題とする）。

演習 2b　　**新型ウイルスは従来型よりも危険か**

　前著『〈全自動〉統計』Chapter 2 で扱った新型ウイルスによる死亡者・生存者の人数について（Table 2-1），『〈全自動〉統計』では季節性インフルエンザによる死亡率 0.1％を母比率とした正確二項検定を行った。その結果は有意であった（$p = 0.001$, 両側検定）。したがって新型ウイルスによる死亡率 0.0039 が，季節性インフルエンザによる死亡率 0.0010 よりも有意に大きいことが示唆された。同じデータについてベイズファクタ分析を行いなさい。

Table 2-1　新型ウイルス感染後の死亡・生存者数（$N = 2045$）

	死亡者	生存者
観測人数	8	2037
標本比率	0.0039	0.9961
母 比 率	0.0010	0.9990

注）母比率は季節性インフルエンザの平均死亡率・生存率を表す。

2.3　データ入力・分析

　ここでは実用的に R プログラムを実行し，母比率不等のベイズファクタ分析を行ってみます。データ入力は『〈全自動〉統計』Chapter 2 とほとんど同じで，

手順❸をつけ加えるだけです。

●操作手順

❶STAR 画面左の【1 × 2 表：母比率不等】をクリック
❷表示された枠内に Table 2-1 の度数を入力する
❸チェックボックス［□ベイズファクタ］をクリック
❹【計算！】→ R プログラムを【コピー】→ R 画面にコピペする

Chapter 2

2.4 『結果の書き方』

R 画面に出力された『結果の書き方（両側仮説）』を p.8 の修正要領の通り
修正すると，次のようなレポートになります（原出力省略）。

📋 レポート例 02-1

Table 2-1 は各値の度数集計表である。

ベイズファクタ分析（有効水準＝ 3，両側仮説）を行った結果，*BF* 値は有効
であった（*BF* = 18.822, *error* = 0%）。したがって新型ウイルスによる死亡者
の比率は母比率 0.001 よりも実質的に大きいことが示された。

事後分布における死亡者の比率のメディアンは 0.0029 であり，その 95% 確
信区間は 0.0015 - 0.0058 と推定された。

（以下省略）

結果の読み取り

検定の帰無仮説は「新型ウイルス死亡率（P1）＝インフルエンザ死亡率
（P0）」です。対立仮説は「P1 ≠ P0」という両側仮説になり，「P1 ＞ P0」と「P1
＜ P0」のどちらの方向に差が出ても検出可能にします。結果として，対立
仮説のほうが帰無仮説の 18.822 倍も高い確率でデータ［8 人 vs 2037 人］を
予想できたことがわかりました（*BF* = 18.822）。「有効 positive」のライン

2.4 『結果の書き方』 37

である $BF \geqq 3$ をラクに超えて，$BF > 20$ の「有力 strong」に近い強さで対立仮説が支持されたことになります。

この BF 値の検定結果を p 値の検定（正確二項検定）と下記で比較してみましょう。検定後に推定された CI は上段が confidence interval（信頼区間），下段が credible interval（確信区間）を表します（両者とも 95％水準）。

p 値の検定　：$p = 0.0013$, 効果量 $w = 0.092$,　CI：0.0017 - 0.0077

BF 値の検定：$BF = 18.822$,　　　　　　　CI：0.0015 - 0.0058

上段の p 値は対立仮説に関する情報を持っていないのでデータの差の大きさを表す効果量 w が付記されています。効果量 w の一般的な評価基準は小 $= 0.1$，中 $= 0.3$，大 $= 0.5$ です（研究領域により異なる）。本例は $N = 2045$ もありますが，上の検定結果に特に違いは見られません。検定後，推定された信頼区間・確信区間（ともに CI）の上限値に若干違いを生じています（0.0077 vs 0.0058）。これはデータ分布が極端な L 字形のため，信頼区間の理論的分布がそれでも右方向の裾野を遠く形成するのに対して，確信区間のシミュレーション推定がデータの分布を再現することに方向づけられているからです（シミュレーション推定は理論的分布に収束しない）。

両 CI とも 95％下限値が，季節性インフルエンザ死亡率 $= 0.0010$ を上回ると推定しています。N が数千のサイズになり，真に差が存在するならば，p 値も BF 値もその差を検出できる指標であることがわかります。

2.5　統計的概念・手法の解説 2

●ベイズファクタの事前設定問題

1 × 2 表の度数の検定について，STAR が提供するプログラムは R パッケージ BayesFactor の関数 proportionBF を使用している。この proportionBF は計算時の確率分布としてロジスティック分布を仮定する（RDocumentation より）。この点，他の解析ソフト（たとえば JASP, www.jasp-stats.org）がベータ分布を仮定することと相違するが，おそらく尺度設定のオプションを可能にす

るためと思われる。ロジスティック分布の尺度設定（p.15 参照）を *rscale* = 1 とすれば，ベータ分布を仮定する他のソフトと同じ *BF* 値が算出される。しかし proportionBF の初期設定は *rscale* = 0.5 なので，デフォルト（無指定）の実行結果は他のソフトと *BF* 値が異なる。この点，留意しておく必要がある。なお母比率不等の分析では *rscale* = 1 と設定しても *BF* 値は同値にならない。

　このように *BF* 値の計算は事前の確率分布をいかに仮定するか，またその確率分布の尺度設定をどうするかによってかなり結果が異なる。それゆえ，事前分布・事前設定をより良いものにすべきことをベイズ主義者は口を揃えて常に最後につけ加えるが，それは推定結果の著しい変動を認識しているという以上に適度な解決策がないことを承知しているからではないかと思われる。所詮，統計的数理モデルの次元ではない，研究領域固有の因果モデルの問題である。ベイズファクタ分析の事前設定については，当面，各ソフトのデフォルトに固定して領域固有に *BF* 値の "使い勝手" の良し悪しを実際の使用者が評価し続けるしかないだろう。

分析結果を保存する方法は 2 つあります。1 × 2 表を例に説明します。

テキストファイルの直接保存
❶データを入力します。
❷【計算！】をクリックして計算結果を出力します。
❸結果エリア上部の【保存】ボタンをクリックします。
→分析プログラム名 -Result_ 保存日時 .txt というファイル名で保存されます。
　（1x2_Result-2022 年 04 月 02 日 09 時 21 分 25 秒 .txt）

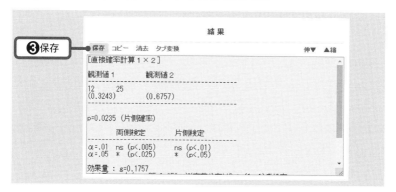

［補足］
　ファイルが保存される場所は，ブラウザで設定しているダウンロード先になります。

データのコピペ保存
❶データを入力します。
❷【計算！】をクリックして計算結果を出力します。
❸【コピー】ボタンをクリックします。→他のソフトウエアに貼り付け・保存

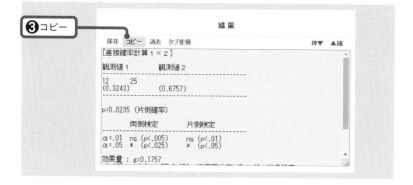

1×J表のベイズファクタ分析 と対応のある度数の検定

※ BayesFactor の関数 proportionBF 使用（ベイズファクタ分析の多重比較時）

　この Chapter 3 では，1×J表の度数について **BF** 値を用いた検定と **p** 値を 用いた**対応のある度数**の検定を扱います。統計分析の基礎・基本として，演習 3a と演習 3d を学んでください。間にある演習 3b・3c は，初回は読み飛ばし てけっこうです（演習 3a の次は p.59 に飛ぶ）。

　飛び越した演習 3b・3c は応用的手法であり，1×J表の評価データについ て統計的グレード付けの方法を紹介します。これらは現実に満足度アンケート や Good-Bad 尺度を分析する機会が生じた場合に参考にしてください。

演習 3a　　**お昼に食べたいメニューは何か**

　お昼の学食利用者に定食類を除いて食べたいメニューをたずねた。利用者 50 人に Table 3-1 に記載した単品メニューのうちから一番食べたいものを 1 人 1 品 だけ選んでもらった。その選択数は Table 3-1 の通りである。お昼に食べたい人 気のメニューはどれか，ベイズファクタ分析を実行し明らかにしなさい。

Table 3-1　お昼に食べたいメニューの選択数（N **= 50)**

丼物	カレーライス	ラーメン	そば・うどん	パスタ
6	19	12	4	9

3.1　データ入力・分析

　データは 1 人 1 選択の度数です。この場合，度数同士は独立になります。も し「どれを食べたいか，3 品以内で選んでください」とたずねると 1 人 1～3 選択になり，度数に対応が生じます（同一人の選択として対応づけできる）。

対応のある度数は以下に述べる方法では分析できません。対応のある度数の検定は専用の手法を使います。それは本章後半の演習 3d で扱います。

　この演習 3a では，独立の度数についてベイズファクタ分析を行います。操作手順は『〈全自動〉統計』の既習ユーザーにはすでに手慣れたものと思いますので以下の手順は簡略化しています。手順❹でベイズファクタをチェックするところだけ 1 手順つけ加わります。

●操作手順

❶STAR 画面左の【1 × J 表（カイ二乗検定）】をクリック
❷【ヨコ（列）】を 5 に設定する
❸ 5 つのセルに Table 3-1 の通りに度数を入力する
❹［□ベイズファクタ］にチェックを入れる
❺【計算！】→「R プログラム」枠上辺の【コピー】をクリック
❻カーソルを R 画面に移し【右クリック】→【ペースト】する
❼出力された『結果の書き方』を文書ファイルにコピペする

3.2 『結果の書き方』

　下記は R 画面に出力された『結果の書き方』です。下線部を次ページの修正要領に従って修正しましょう。

> cat(txt) # 結果の書き方
　Table(tx1) は各値の度数集計表ｱ）である。
　多項分布を用いたベイズファクタ分析（有効水準 =3）を行った結果，BF値は有効であった（BF=3.374, error=0%）。したがって各値の標本比率ｲ）は期待比率に従わず期待比率と実質的な差を示すことが見いだされた。
　事後分布における各値の比率の 95％確信区間は Fig.（事後分布の 95％確信区間）の通りである。

　各値の度数をペアにした両側仮説の検定を行った結果（Table(Bxt3) 参照），値 1 の度数 6 が値 2 の度数 19 よりもｳ）有効程度に少ないこと（BF=7.44），

また値 2 の度数 19 が値 4 の度数 4 よりも有力相当に多いこと（BF=28.621）
が見いだされた。

　以上の多重比較の BF 値の計算には R パッケージ BayesFactor（Morey &
Rouder, 2021）を使用し，logistic 分布の尺度設定を rscale=0.5 とした
ほかは各種設定はデフォルトに従った。MCMC 法による推定回数は 1 万回と
した。

ア　Table…は R 画面の出力「度数集計表」から作成します。**各値**…は「各
　　メニュー」に置換します。度数がどのような質問で得られたのかを具体
　　的に記述するとよいでしょう。特に 1 人 1 選択の独立の度数であること
　　は必ず明記するようにします（レポート例参照）。

イ　**各値の標本比率**…は「各メニューの標本比率」でよいのですが，わかり
　　やすく「各メニューの選択比率」に置換します。

ウ　**値 1・値 2**…を「丼物」「カレー」などに置換します。「度数 6」「度数
　　19」などの数字は確認のために付記しています。ふつうカットします。「度
　　数」という言い方も内容に即して「選択数」に置換します。

　　　同じ箇所で「丼物がカレーよりも…少ない」と記述されていますが，
　　人気メニューを調べているので逆転させて「カレーが丼物よりも…多い」
　　と記述することにします。そうしても **BF** 値は不変です（両側検定なので）。

▯ レポート例 03-1

　　Table 3-1 は，<u>学食利用者 50 人にお昼に一番食べたいメニュー（定食類
を除く）を 1 品だけたずねた</u>ときの各メニューの選択数である。

　　多項分布を用いたベイズファクタ分析（有効水準 = 3）を行った結果，**BF**
値は有効であった（**BF = 3.374, error = 0%**）。したがって各メニューの選択
比率は期待比率に従わず期待比率と実質的な差を示すことが見いだされた。
事後分布における各メニューの選択比率の 95% 確信区間は Fig. 3-1（後出）

の通りである。

　各メニューの選択数をペアにした両側仮説の検定を行った_{オ)} 結果，カレー
の選択数が丼物の選択数よりも有効程度に多いこと (**BF** = 7.440)，また
カレーの選択数がそば・うどんの選択数よりも有力相当に多いこと (**BF** =
28.621）が見いだされた。

　以上の多重比較の **BF** 値の計算にはRパッケージ BayesFactor（Morey &
Rouder, 2021）を使用し，logistic 分布の尺度設定を **rscale** = 0.5 としたほ
かは各種設定はデフォルトに従った。MCMC 法による推定回数は 1 万回と
した。

結果の読み取り

　下線部**エ**で，度数が 1 人 1 選択であり独立であることがわかります。

　分析は 2 段階です。まず 1 × 5 表全体の分析を行い，その後（下線部**オ**から）
2 セルずつの検定を繰り返します。この 2 セルずつペアにした比較を**多重比較**
（multiple comparisons）または**対検定**（pairwise tests）といいます。

　まず，1 × 5 表全体の分析です。検定の帰無仮説は Table 3-1 の「5 セルの
選択数はみな等しい」となります（期待比率同等）。対立仮説はその否定です。
ベイズファクタ分析の結果として，**BF** = 3.374 でした。したがって対立仮説
が帰無仮説よりも 3.374 倍高い確率で，1 × 5 表の度数の出現を予想したこと
が示されました。対立仮説のほうがデータに適合（フィット）するということです。

　そこで次に，対立仮説が支持されたので，5 セルのうちのどの 2 セルの間に
度数の差があるか，多重比較を行って明らかにします。この結果は R 画面に
下のように出力されます。

```
> Bxt3 # 多重比較（期待比率同等の場合）
            H1: 左>右    左<右    左≠右
値1 < 値2    0.134    14.746    7.440
値1 vs. 値3    0.236    1.895    1.065
値1 vs. 値4    0.954    0.428    0.691
値1 vs. 値5    0.341    0.981    0.661
```

値2 vs. 値3	1.370	0.198	0.784
値2 ≫ 値4	57.122	0.120	28.621
値2 vs. 値5	3.569	0.160	1.865
値3 vs. 値4	4.482	0.199	2.341
値3 vs. 値5	0.799	0.316	0.558
値4 vs. 値5	0.275	1.914	1.094
>			

　左端の行見出し「値 # vs 値 #」が比較する２セルを表します。比較には Chapter 1 における 1 × 2 表のベイズファクタ分析を用います。上掲の数値は すべて **BF** 値です。たとえば 1 行め「値 1 < 値 2」は，丼物よりもカレーの選 択数が実質的に多いことを示します。その証拠は右端の "**左 ≠ 右**" の欄の **BF** = 7.440 です。これは "左 ≠ 右" という対立仮説が，帰無仮説（左＝右）より 7.440 倍も高い確率で実際の観測度数［6 vs 19］を予想したことを示しています。

　このように **BF** ≧ 3 を基準として結果を拾っていけばよいわけです。また， そうしなくても行見出しの不等号 "<" と ">" が有望な知見をいち早く知ら せてくれます。不等号のない "vs" は差があるか否かが確定しないケースです。 それ以外は確定した差となります。すなわち「値 1 < 値 2」（**BF** = 7.440）と「値 2 ≫ 値 4」（**BF** = 28.621）が有効または有力です（不等号の数は有効・有力 の強さを表す）。

　カレー（値 2）もいいですが，ラーメン（値 3）もいいものです。その意味 では上記出力の「値 3 vs 値 4」（**BF** = 2.341）は惜しかったです。両側検定で は少し足りませんが，片側検定の "左 > 右" の欄を見ると **BF** = 4.482 で有効 でした。レポートの『結果』は両側検定で通しますが，こうした片側検定によ る傍証はレポートの『考察』において触れるようにするとよいでしょう（やは りラーメンはそば・うどんよりも人気がありそうだと）。

　学生時代，よく他大学の学食めぐりをしました。卒業後も大都市への出張の 際は，昼飯は大学の学食と決めていたものです。飯を食べるよりも学生たちに 交じって食べるということで彼らの熱気や勢いをもらっていた気がします。

3.3　統計的概念・手法の解説1

●多項分布による *BF* 値の計算　※有志用

　1×2表の *BF* 値の計算には二項分布を用いるが，1×J表では**多項分布**（multinomial distribution）を用いる。R画面の出力「ベイズファクタ分析」には，その多項分布を用いた *BF* 値の計算過程が下のように示される。

```
> Bxt # ベイズファクタ分析
標本サイズ（N）            5.000e+01
標本パターンの総数          3.163e+05
H1：一様分布の確率密度      3.162e-06
H0：多項分布の確率密度      9.372e-07
ベイズファクタ（BF）        3.374e+00
>
```

※指数表記 e+01 は× 10, e+05 は× 10^5, e-1 は× 0.1, e-06 は× 10^6 を表す。

　上の行から下の行へ計算が進む。第1行は標本サイズ N = 50，第2行は N = 50のときの5セルへの分かれ方（異なり標本数）である（正確には31万6251通り）。したがって異なる1標本当たりの出現確率は，全体確率÷異なり標本数= 1 ／ 316251 = 0.000003162となる。この3.162e-06が対立仮説の予想する全標本一律の出現確率である。これがたとえば（現実には決してお目にかかれない）標本［0, 0, 0, 0, 50］の予想出現確率でもあり，本例の標本［6, 19, 12, 4, 9］の予想出現確率でもある。これが第3行「H1：一様分布の確率密度」（= 3.162e-06）に示されている。

　これに対して，帰無仮説の予想は「5セルの度数に差はない」ので，標本［10, 10, 10, 10, 10］の出現確率を頂点とする多項分布となる。多項分布は二項分布の多次元形である。イメージとしては（本例は五項分布だが仮に三項分布とするなら立体のイメージであり）全標本31万6251本の長短さまざまな長さのバーを両腕で囲むように抱えてタテにトントンとまとめながら"なだらかなお山"となるようにすれば…たぶん出来上がる。お山の中心には最も高いバー

［10，10，10，10，10］が来るようにする。この帰無仮説のお山の中で実際に観測されたバー［6，19，12，4，9］がどんな高さ（出現確率）になっているのかが帰無仮説の予想になる。これはR画面で，dmultinom(c(6, 19, 12, 4, 9), 50, p=c(0.2, 0.2, 0.2, 0.2, 0.2))と入力すると求まる。それが第4行「H0：多項分布の確率密度」（= 9.372e-07）に示されている。

かくして，対立仮説と帰無仮説のどちらの予想確率が的中したかを比べることができる。それが最終第5行の***BF***値であり，***BF*** = (3.162e-16) ／ (9.372e-07) = 3.374 と計算される。***BF*** = 3.374 はこのように解析計算可能なので***error*** = 0% である。方法の記述は「多項分布を用いたベイズファクタ分析を行った」と出力された文章をそのまま採用する。

●確信区間を用いた多重比較

多重比較は2セルずつ***BF***値の検定を繰り返すが，別の方法としてR画面に出力された「各セルの比率の95％確信区間」を利用することもできる。すなわち，2セルの確信区間が重ならなければ，それぞれのセルの真の比率が同じ値をとることはない（差がある）とみなす。95％確信区間が重なっているかどうかは自動的に出力されるRグラフィック（Fig. 3-1）を見るとわかりやすい。

Fig. 3-1 を見ると「カレー」の確信区間（タテ線）と「丼物」「そば・うどん」

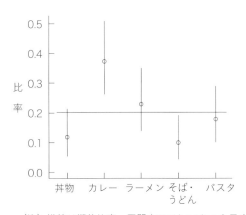

（注）横線は期待比率。区間内の○は median を示す。

Fig. 3-1　各メニューの選択比率の 95% 確信区間

の確信区間が明確に離れている。これをもってカレーと後者の2メニューとの間に選択数の差があると判定できる。ただし，これは単に差のあり・なしを判定する二分割的判断となり，**BF**値の検定が**p**値の検定に戻る印象があるから避けたほうがよいかもしれない。それゆえ『結果の書き方』では多重比較は確信区間を利用せず一貫して**BF**値で行っている。レポート例では確信区間は検定後の推定結果として情報提供だけにとどめている。

　95%確信区間を検定に使ってはならないということではない。確信区間はあくまで真値の推定を行った際の情報である。また確信区間推定と**BF**値の検定が合致しないケースも起こりうる（p.17参照）。そのことは問われたら答えられるようにしておかなければならない。確信区間を発表会で提示するなら**BF**値を書き添えて使うようにする。プレゼン用ならこれほどわかりやすいものはない。（→対応のある度数の検定の演習3dへ進む場合はp.59へ）

3.4　自動評価判定1×2：統計的グレード付与

　たとえば学校では授業や教育活動などについて，さまざまなアンケート調査の分析結果を活かして改善が行われます。しかし，その際のデータ分析は各評価段階（良い～悪い）の各度数をパーセンテージにしたり評価段階を得点とみなし平均を出したりするくらいです。そして％や平均の値について良いか悪いかを議論するわけですが，数ポイントの差をどうみるかで意見が分かれたり，出席者の主観的な判断や声の大きさで見方が決まったり，あるいはなかなか見方が決まらず時間ばかり費やし本題に入れなかったりします。これは学校評価アンケートに限ったことではなく，一般に評価アンケートの結果をどう解釈するかは定式化された方法がないのが現状です。

　そこで，この節では，ベイズファクタ分析を用いた統計的な評価方法を紹介することにします。このメニューは筆者らの開発したオリジナルな手法です。

演習 3b **道徳性に評価グレードを与える**

平成 27 年に学習指導要領の一部改正が行われ道徳の教科化が示され，小学校では平成 30 年度（2018 年度），中学校では平成 31 年度（2019 年度）から全面実施された。そこで授業改善のため道徳性の評価アンケートを試作し，中学 2 年生 30 名を対象に実施してみた。

Table 3-2 は生徒に提示した質問項目であり，Table 3-3 はその質問項目に対する生徒の回答を入力したデータリストである。各質問項目の道徳性の内容についてその達成状況がどの程度であるか，STAR 実装の【自動評価判定 1 × 2（グレード付与）】を使ってグレード付けを行いなさい。

Table 3-2　道徳性の質問項目※

x1)　明日は学校で早朝より体育祭の学級対抗リレーの練習があります。ところが，あなたはテレビゲームに熱中しています。気付くと，もう午後 11 時，あなたはすぐやめて寝ますか。【基本的な生活習慣】

x2)　期末テストの社会科の答案で採点ミスがありました。先生に申し出ると 2 点下がります。あなたは正直に申し出ますか。【真理愛・理想の実現】

x3)　話し合い中に，あなたが意見を言った後で，反対意見を言う人がいました。あなたは，その意見を一つの意見として尊重し，素直に聞くことができますか。【寛容・謙虚】

x4)　人間誰しも弱い心をもってはいるけれど，それに打ち克つ力が自分にはあると信じて生きていますか。【弱さの克服・生きる喜び】

x5)　クラスの中で陰口を言っている友達に対して，あなたは，そのようなことを言うものではないと注意しますか。【正義・公正公平】

Table 3-3　道徳性の評価項目に対する各生徒の回答（N = 30）

項　目	x1	x2	x3	x4	x5
生徒 1	3	5	5	4	5
生徒 2	2	3	2	3	3
生徒 3	3	4	5	5	2
⋮	⋮	⋮	⋮	⋮	⋮
⋮	⋮	⋮	⋮	⋮	⋮
生徒 29	2	3	3	4	4
生徒 30	5	5	3	4	5

注）項目 x1 〜 x5 の文面は Table 3-2 参照。
　　数字は次の評価段階を表す：5 ＝はっきりハイ，4 ＝たぶんハイ，3 ＝どちらともいえない，2 ＝たぶんイイエ，1 ＝はっきりイイエ。

※信州大学教育学部附属長野中学校・2015 年度公開研究会配布資料『自分の考えを発信し続ける生徒の育成：目的に応じて表現する生徒の姿を通して』p.74 より抜粋。同校より質問項目の転載・利用についてご許可をいただきました。ここに謝意を表します。また実践的有用さから他校の参考例として全項目の文面を本章末尾に『付録』として掲載します。なお Table 3-3 に示したデータは解説用の架空のものであり，同校で実施された際の良好な結果を反映したものではまったくありません。

　データ全体（$N = 30$）は『ベイズ演習データ』演習 3b にあります。これをコピーしておきましょう。

　データは，質問項目が提示した道徳的行為に対して肯定度を 5 段階で回答したものです（Table 3-3 脚注参照）。肯定度 5, 4 の生徒が多ければそのクラスの道徳性は高い水準にあることになります。クラスの道徳性がどの程度の水準にあるかを統計的にグレード付けするのが，**BF** 値を使った【自動評価判定 1 × 2（グレード付与）】というメニューです。

●操作手順

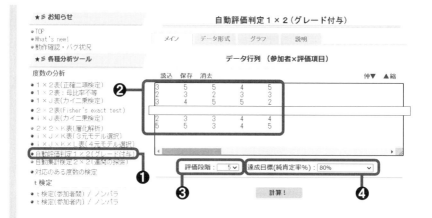

❶ STAR 画面左の【自動評価判定 1 × 2（グレード付与）】をクリック
　　→設定画面が開き，大きな枠が表示されます（上図）。
❷「データ行列」の枠内にデータを貼り付ける
　　→『ベイズ演習データ』のデータ（$N = 30$）をペーストします。もし現実の生徒の回答に無回答（欠損値）があったら，そこには半角で "NA"（not

available，使えない）と入力しておきます。すると集計時にカウントされません。

❸ ［評価段階：］を選択する（初期値＝ 5）
→初期値＝ 5 のままにしておきます。［評価段階：4］も選べますが，評価アンケートは 5 段階評価を推奨します。5 段階評価は肯定側から否定側へ 5 ～ 1 と数量化します：5 ＝はっきりハイ，4 ＝たぶんハイ，3 ＝どちらともいえない，2 ＝たぶんイイエ，1 ＝はっきりイイエ。

❹ ［達成目標（純肯定率％）：］を選択する（初期値＝ 80％）
→初期値＝ 80％のままにしておきます。学校・クラスの達成目標に合わせてダウンメニューから 50 ～ 80％が選べます。
また項目ごとに目標％を指定することもできます。次の手順で行います。ダウンメニューから［個別指定（最下行）］を選択→データの最下行に目標％を［50 60 70 80 80］のように書いておきます（5 項目なので 5 個の目標％を並べる。区切りは半角スペース，半角カンマ，Tab 区切りのいずれか）。

❺ 【計算！】ボタンをクリック
→ STAR 画面の「結果」の枠内に分析結果が出力されます。

　「結果」枠上辺の【コピー】をクリックし，文書ファイルなどにコピペして利用します。

　「Rプログラム」枠内にRプログラムも出力されますが，これは事前分布をbeta(1, 1) から logistic(*rscale* = 0.5) に変えて分析します（p.38 参照）。最初はSTAR 画面の「結果」を採用し，実態に合わない感じがあればRプログラムを実行してみるとよいでしょう。以下は STAR 画面の「結果」枠の出力であり，達成目標を全項目一律に **Goal%** = 80％としたときの例です。

```
 == 自動評価判定 1 × 2（グレード付与）==


        5  4  3  2  1 NA Total   Yes%  Goal%  Grade      BF
    ─────────────────────────────────────────────────────────
    x1  6  7  9  7  1  0   30   61.90  80.00    C     1.5872（0.4774）
    x2  9 12  6  2  1  0   30   87.50  80.00    A     0.2678（0.1798）
```

```
x3   6 13  4  6  1  0    30  73.08  80.00   B      0.3052(0.2434)
x4   6  7 12  4  1  0    30  72.22  80.00   B ?    0.3492(5.0545)
x5  10  2  5 11  2  0    30  48.00  80.00   D-   131.3798(0.1872)
------------------------------------------------------------------
```

注) BF値は事前分布 beta(1, 1) を仮定し, 算出した。
　　カッコ内の数値は期待比率 0.2 に対する中立・無回答比率の BF 値。

3.5　純肯定率とグレードの付け方

　上掲出力の行見出し x1 ～ x5 が質問項目です。上辺の列見出し 5 ～ 1 は評価段階を表します。各欄の数値はその評価段階の回答者数です。"NA"は無回答の人数です。"Total"は NA の人数を引いた合計人数です。

　"Yes%"は純肯定率を表します。**純肯定率**とは中立段階（3 ＝どちらともいえない）の人数を除いて算出した肯定率のことです。純肯定率に対して**実肯定率**は中立段階の人数も含めた Total の人数を使います。つまり実肯定率は回答総数に占める肯定回答の割合です。4 段階評価では純肯定率と実肯定率は一致しますが, 5 段階評価では下式のように違ってきます（下式は x1 の例）。

$$\text{純肯定率} = \frac{\text{段階 5 と段階 4 の人数}}{\text{Total の人数}-\text{段階 3 の人数}} = \frac{6+7}{30-9} = \frac{13}{21} = 61.9 \ (\%)$$

$$\text{実肯定率} = \frac{\text{段階 5 と段階 4 の人数}}{\text{Total の人数}} = \frac{6+7}{30} = \frac{13}{30} = 43.3 \ (\%)$$

　グレード付与は, 帰無仮説として「純肯定率＝80％」（本例）を立て, それに反する対立仮説「純肯定率≠80％」の **BF** 値を求めます。そして, 次のような **BF** 値の判定に基づいて評価グレードを与えます。

S：達成目標以上の段階にある　　　　　（**BF** ＞ 1, かつ純肯定率＞ 80％）

A：達成目標に達した　　　　　　　　　（**BF** ≦ 1, かつ純肯定率≧ 80％）

B：達成目標に近い段階にある　　　　　（**BF** ≦ 1, かつ純肯定率＜ 80％）

C：達成目標より低い段階にある　　　　（**BF** ＞ 1, かつ純肯定率＜ 80％）

D：達成目標より相当低い段階にある　　（**BF** ≧ 3, かつ純肯定率＜ 80％）

－：下位段階に近接している　　　　　　（**BF** ＞ 20 の場合, ^{マイナス}－を付加）

？：段階 3 と NA が過多なので評価保留を勧める（後述）

このグレード付与の方法は，**BF** 値が帰無仮説の証拠にもなるという特長から帰無仮説「純肯定率＝ 80％」が支持されることを想定したものです。つまり，純肯定率の検定において **BF** ＜ 1 なら「純肯定率＝ 80％」が支持され，**BF** ＞ 1 なら対立仮説の「純肯定率≠ 80％」が支持されます（有効性の判定はこの段階では行わない）。

基軸となるグレード A（達成目標に達した）は，**BF** ＜ 1 で帰無仮説「純肯定率＝ 80％」が支持されて，かつ純肯定率≧ 80％のときに付与します。もし帰無仮説が支持されていても純肯定率が 80％未満ならグレード B（達成目標に近い）を付与します。

これが **BF** ＞ 1 になると対立仮説のほうが支持されますから（純肯定率≠ 80％），純肯定率は帰無仮説の 80％圏から外れたと判定します。80％圏の上に外れたならグレードは S，下に外れたならグレードは落ちて C となります。

その際，もし **BF** ≧ 3 で有効になったら，S は "SS" にアップグレード，C は D にダウングレードされます。さらに **BF** ＞ 20 で有力になったら否定側のグレードには "－" が付加され深刻な状況であることを示します。なお，"？" が付いたグレードは，生徒の中立回答や無回答が多すぎてクラス全体の評価として信頼性がなく評価を保留すべきことを勧めます。この "？" の判定の仕方については次の『結果の読み取り』を参照してください。

結果の読み取り

各項目の内容に即して今回の評価グレードについて読み取ってみましょう。

項目 x1 は，文部科学省学習指導要領に示された道徳性の内容のうち「基

本的な生活習慣」に相当するものです。早朝のリレー練習のために今熱中しているゲームをやめられるかという状況を提示しています。純肯定率 Yes% = 61.9%は目標の80％を下回りました（なかなかやめられない）。肯定・否定者［13人 vs 8人］の検定は **BF** = 1.587 ＞ 1 なので帰無仮説「Yes% = 80%」より対立仮説「Yes% ≠ 80%」が支持されます。したがって Yes% = 61.9%は80％圏から外れていると解釈します。80％圏から下のほうに外れていますからグレードはB未満になり，Cを付与するということになります。

　項目 x2 は道徳性の「真理愛・理想の実現」に相当し，返却された答案の採点ミスを申し出ると減点されるが申し出るかという状況です。いかにも現実にありそうな判断に迷う状況です。こうした教師が自らの願いや自身の見聞・体験に合わせて項目を作成するほうが市販のものや既製品を使うよりもリアルで妥当性の高い項目になります。本章の最後に今回参考にした全項目を例示しますので評価者自作の見本にしてください。この項目 x2 の純肯定率は Yes% = 87.5%，**BF** = 0.268 ＜ 1, すなわち帰無仮説支持で，かつ「Yes% ＞ 80%」ですから，グレードAとなります。

　同様に, 項目 x3 は道徳性の「寛容・謙虚」に相当し, これも **BF** = 0.305 ＜ 1 で帰無仮説「Yes% = 80%」が支持されますが，Yes% = 73.1%＜80%ですから，グレードはB「目標に近い段階にある」とされます。

　これと同程度に項目 x4「弱さの克服・生きる喜び」も Yes% = 72.2%を示したのでグレードBに相当しますが，しかし前掲出力では“？”が付加されています。これは中立回答3とNA（無回答）の人数が多すぎるためです。そこで「評価結果が信頼できず評価保留」を勧めることになります。すなわちグレードB相当であってもそれは極少数の生徒の回答結果にすぎず，かなりの人数が明確な回答を控えたということです。統計的には中立回答とNAの12人をそれ以外の回答者18人と母比率不等［1セル vs 4セル］で検定します。この［12 vs 18］の検定結果として **BF** = 5.055 は，中立回答とNAの12人が平均的な1セル当たり6人（$N \div 5$ セル）に比して過剰に多いことを示しました。それで“？”が付けられたわけです。

　調査対象の中学校第2学年は勉強，部活動，人間関係でいろいろと悩みの多い時期です。「弱さの克服・生きる喜び」の質問になかなか自信をもって答えられず，自分とは何かに悩み迷っている様子が感じ取られます。このよ

うなケースでは評価は時期尚早として，会議資料や公開資料には項目番号に何らかの保留マークを付けたほうがよいでしょう。技術的にはアンケートを4段階評価にすれば中立回答はなくなり"？"の判定もなくなりますが，それは本当に"？"の生徒に回答を強制することであり，「弱さの克服・生きる喜び」とは異なる観点から回答する"侵入"や"汚染"をデータに生じさせるおそれがあります。評価アンケートには5段階評価を必須として本書が勧める理由はそこにあります。

　最後の項目 x5 は「正義・公正公平」に関するもので，クラスメイトの陰口を言っている友人を注意するかという状況を提示しています。「注意する」という純肯定率は Yes% = 48%（25人中12人）であり，目標80%には程遠い結果です。**BF** = 131.38 は帰無仮説「Yes% = 80%」圏から外れ（はるか下の段階へ）落ちた水準に道徳性があることを意味します。**BF** 値の有効水準も **BF** > 20 のラインを突破しているので，評価グレードはCより下のDに落ち，さらに"−"（マイナス）も付けられています。

　しかしながら，このネガティブな評価は道徳性の低さを示しているというわけではないでしょう。生徒たちが「友人を注意する」対「注意して友人を失いたくない」というディレンマに直面し，意思決定が [12人 vs 13人] と真二つに分かれたと考えられます。それだけ生徒たちが道徳的状況から逃げずに自分と向き合って回答したとみることができるのではないでしょうか。

　まさにこうした意見交換の余裕を【自動評価判定 1 × 2（グレード付与）】がつくり出してくれることでしょう。単に数値を眺めた印象で意見交換するよりも話がかみ合うと思います。何よりも数値をどう見るかの入口の議論に時間と労力を浪費しないですみます。実際，社会の諸領域では固有のグレード判定が行われています。特に経済，医療，気象など多くの分野で実用化されたグレード付与の方法が普及しています。教育の現場においても一定のグレーディング方法を開発していくことが有益・有用であると考えられます。教育現場では個人のグレード付けは問題があるでしょうが，クラスや学年を対象とした評価グレードが指導目標の策定と教育改善の議論に資することは間違いありません。

3.6　自動集計検定2×2：連関の探索

　前述した【自動評価判定1×2（グレード付与）】は個々の項目をグレード付けしますが，その直下にあるメニュー【自動集計検定2×2（連関の探索）】は複数の項目間の関連性を探索します。統計用語で項目間の関連性を連関（association）といいます。連関係数は度数集計表（典型的には2×2表）の行カテゴリと列カテゴリの関連性の強さを表します。

　このメニューを使うと，同一のデータについて単一項目の分析から項目間の分析へとスムーズに移行することができます。これもSTAR提供のオリジナル・メニューです。なお，この連関の分析には *BF* 値でなく *p* 値を用います。

演習 3c　　**道徳性の項目間の関連を探索する**

　道徳性の内容は互いに関連し合って発達するものと考えられる。そこで演習3bと同じデータについて，異なる道徳性の項目間にどんな関連があるかを探索しなさい。

　操作は簡単です。STAR画面の【自動集計検定2×2(連関の探索)】をクリックしたら，演習3b（p.49）とまったく同じデータをSTAR画面に貼り付けるだけです。そして【計算！】をクリックします。これだけでSTAR画面の「結果」の枠内に，以下の分析結果が出力されます（一部のみ掲載）。

```
== 自動集計検定2×2（連関の探索） ==
片側確率 p=0.05以下を出力しました。
(3) タテ行：変数2 ， ヨコ列：変数3
------------------------------------------
       1 to 3 ， 4 to 5
------------------------------------------

1 to 3:    6  ，  3
4 to 5:    5  ， 16
```

----

p=0.042（両側確率）

p=0.035（片側確率）

Phi=0.408

(6) タテ行：変数 3 ， ヨコ列：変数 4

----

　　　　　1 to 2 ， 3 to 5

----

1 to 3:　　4　 ，　 7

4 to 5:　　1　 ，　18

----

p=0.047（両側確率）

p=0.047（片側確率）

Phi=0.402

(7) タテ行：変数 4 ， ヨコ列：変数 5

----

　　　　　1 to 2 ， 3 to 5

----

1 to 2:　　5　 ，　 0

3 to 5:　　8　 ，　17

----

p=0.009（両側確率）

p=0.009（片側確率）

Phi=0.511

※上例はオプション［集計範囲：●指定せず］の出力。他のオプションについては
　STAR 画面のサイドメニュー『使い方』の見出し下の［js-STAR の教科書］参照。

　結果の読み取り

　　たくさんの 2 × 2 表が出力されますが，出力中の *p* 値を見て有望な 2 × 2

表だけを選び出しましょう。p 値の有意性は $p < 0.05$ に初期設定されていますので，出力される Table の数を絞りたいときは STAR 画面の設定［出力する片側確率の上限：0.05］を 0.01 に変更してください。

　出力された Table の行・列の見出し"1 to 2"は評価段階 1 〜 2 を表します。否定・肯定段階が区分けされる見出し"1 to 2"や"1 to 3"が表示されている Table を選ぶのがコツです。"1 to 4"や"2 to 5"のような否定・肯定段階が入り混じった Table は選ばないようにします。上例では Table (3) (6) (7) が有望なようです。各 Table の変数 x1, x2,…が質問項目を表しますから，内容に注目すると下のような道徳項目間の関連性が見て取れます。

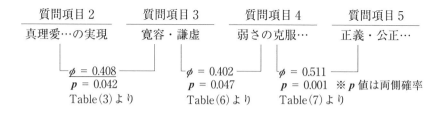

質問項目2	質問項目3	質問項目4	質問項目5
真理愛…の実現	寛容・謙虚	弱さの克服…	正義・公正…

　$\phi = 0.408$　　$\phi = 0.402$　　$\phi = 0.511$
　$p = 0.042$　　$p = 0.047$　　$p = 0.001$　※ p 値は両側確率
　Table (3) より　　Table (6) より　　Table (7) より

　ϕ（ファイ，Phi）係数は連関の強さを表す統計量です（$\phi = 0 \sim 1$ は無連関から完全連関までを示す）。相関係数 r（Chapter 8 参照）と同じ便宜的評価基準によると，どれも中程度の強さの連関があるといえます。

　たとえば Table (3) に見られた連関を解釈すると，「真理愛・理想の実現」に肯定的な生徒は「寛容・謙虚」にも肯定的です（$\phi = 0.408, p = 0.042$）。真理・理想の実現のため他者に寛容・謙虚に接し協同しようとする姿が想像されます。

　こうした道徳性の関連をふまえるなら，日々起きる学級内の出来事の中で統合的・効果的な言葉がけを考える手がかりの一つとして活用することができるでしょう。また，この結果自体を生徒に紹介し，異なる道徳性がなぜ相互に関連するのかを考えさせることも，道徳心理のメカニズムを概念的に認識するために有益でしょう。

　　　※データは架空のものです。上述の連関も実際の知見によるものではありません。

3.7 対応のある度数の検定：Q検定とMcNemar検定

　回答者1人が選択肢を1つだけ選ぶケースでは度数は互いに独立です。しかし，複数選択可にすると度数同士に対応が生じます。対応のある度数は，独立の度数とは分析法が異なり，通常のカイ二乗検定やベイズファクタ分析（Rパッケージ BayesFactor version 0.9.12 時点）を用いることはできません。分析結果に信頼性がありません。

　そこで，この演習では対応のある度数について専用の検定法としてQ検定とMcNemar（マクネマー）検定を使用することにします。これらの検定法はp値を用います。この演習は"非ベイズ"となります。

演習 3d　**不支持の理由は集計するとダメ？**

　内閣支持率の世論調査をまねて，模擬的に大学のゼミ学生12名に（あえて）現行内閣を「支持しない理由」をたずねたところ Table 3-4 のようになった。この1×3表（選択数［10, 7, 3］）についてカイ二乗検定を行った結果，有意でなかった（$\chi^2(2) = 3.700, p = 0.157$）。しかし当の調査は複数回答を可とし，データに対応がある。複数回答の場合は通常のカイ二乗検定ではなく，対応のある度数の検定を行いなさい。

Table 3-4　支持しない理由の選択結果（$N = 12$, 複数回答）

	理由1	理由2	理由3
選択数（人）	10	7	3
選択率（%）	83.3	58.3	25.0

注）各理由は次の文面を表す。
　理由1. 人柄が信頼できないから（人格）
　理由2. 政策が期待できないから（政策）
　理由3. 支持する政党でないから（政党）

　入力するデータは未集計のデータに限ります。集計した合計選択数ではダメです（度数の対応が消える）。Table 3-5 のように，1・0（イチゼロ）のデータ行列を作ってください。回答者ごとに各理由について選択 = 1，非選択 = 0 として入力します。1・0の区切りは半角スペース，半角カンマ，タブ区切りのいずれでもOKです。

Table 3-5　データリスト（N = 12）

回答者	理由1	理由2	理由3
1	1	0	0
2	1	1	1
3	1	1	1
4	1	0	0
5	1	0	0
6	0	1	0
7	1	0	0
8	1	1	1
9	1	1	0
10	0	1	0
11	1	0	0
12	1	1	0

　この1・0データは『ベイズ演習データ』演習3dにあります。データ部分だけ（回答者番号を除く）をコピーしておきましょう。そして以下の手順に従ってください。

●操作手順

❶STAR画面左の【対応のある度数の検定】をクリック

❷［参加者数：12］［水準数：3］を入力する

❸データ枠直下の小窓をクリック→大窓になる

❹大窓にデータをペースト→右下の【代入】をクリック

❺【計算！】→「Rプログラム」枠上辺の【コピー】をクリック

❻カーソルをR画面に移し【右クリック】→【ペースト】する

　手順❺の段階で，すでにSTAR画面の「結果」枠にはQ検定の結果が出力されています（$\chi^2(2) = 8.222, p < .05$）。これを見て有意であれば，Rプログラムを実行し『結果の書き方』を得るという使い方もお勧めです。次のような『結果の書き方』が出力されます。

```
> cat(txt) # 結果の書き方
```
　Table(tx1) は，参加者 12 名を対象に<u>選択肢 1 ～ 3</u>ァ) に対する複数選択を求めたときの回答を集計したものである。

　Cochran の Q 検定を行った結果，有意であった（<u>$\chi2(2)$=8.222, p=0.016, η Q=0.585, 1-β =0.73</u>）。ィ) 検出力（1-β）はやや低いが 0.70 以上あり不十分ではない。

　多重比較として正確二項検定を用いた McNemar 検定を行った結果，<u>選択肢 1 の選択数 7</u>ゥ) が選択肢 3 の選択数 0 よりも有意に多かった（adjusted p=0.046，両側検定）。なお多重比較の p 値の調整には Benjamini & Hochberg（1995）の方法を用いた。

（以下省略）

> **下線部の修正**

ア　選択肢 1 ～ 3…を「支持しない理由 1 ～ 3」に置換します。

イ　統計記号をそれぞれ斜字体にします。初出の η Q（イータ・キュウ）は η Q と整形します。

ウ　選択肢 1 の選択数 7…を「理由 1（人格）の選択数」に置換します（度数はカット）。置換例のように，理由内容のキーワードをカッコ書きするとわかりやすくなります。

□ レポート例 03-2

　Table 3-4 は，参加者 12 名を対象に現政権を支持しない理由 1 ～ 3 について複数選択を求めたときの回答を集計したものである。

　<u>Cochran の Q 検定を行った結果，有意であった</u>ェ) （$\chi^2(2) = 8.222$, p=0.016, η Q = 0.585, 1-β = 0.73）。検出力（1-β）はやや低いが 0.70 以上あり不十分ではない。

　<u>多重比較として正確二項検定を用いた McNemar 検定を行った結果</u>ォ)，理由 1（人柄）の選択数が理由 3（政党）の選択数よりも有意に多かった（**adjusted p** = 0.046，両側検定）。なお多重比較の **p** 値の調整には Benjamini &

3.7　対応のある度数の検定：Q 検定と McNemar 検定　　61

Hochberg (1995) の方法を用いた。

（以下省略）

結果の読み取り

　分析は2段階で，まず全体の3セル間の度数に差があるかを Cochran（コクラン）のQ検定で分析し，次に2セルずつをペアにして2セル間の度数に差があるかを McNemar（マクネマー）検定で多重比較します。

　検定の帰無仮説は選択数について「理由1＝理由2＝理由3」を主張します。これに反する対立仮説は「理由1≠理由2≠理由3」となります。Q検定の結果は有意でした（p = 0.016，下線部**エ**）。すなわち，Table 3-5 の理由1〜3の度数の現れ方には偶然に生じる以上の差が生じているということです。したがって，このデータは帰無仮説が仮定する母集団（選択比率同等の無限データ集団）から出現した標本ではないとして帰無仮説を棄却します。そして対立仮説を採択します。

　次に，理由1〜3のどこに差があったかを調べるため，2つずつ理由を取り出し，その度数を“直接対決”します（多重比較，下線部**オ**）。この多重比較に用いる McNemar 検定は対応のある2セルの度数の検定法です。もともと McNemar 検定が先に開発され，Cochran のQ検定はその拡張版なので，原理的には同じ方法ですが分けて呼称しています。

　McNemar 検定の結果，理由1（人柄）の度数10と理由3（政党）の度数3との差が有意でした（*adjusted p* = 0.046）。この理由1と理由3の度数の差が，全体の有意性に貢献したことが見いだされました。

　複数回答をそのまま集計しただけでは有意にならなかったのですが，このように対応のある度数について正しくQ検定，そして McNemar 検定を用いると貴重な情報を取り出すことができます。内閣支持率に及ぼす影響として人柄の不支持は政党の不支持よりも重大であるという知見があぶなく見過ごされるところでした（見過ごすなら集計した度数を検定すればよいかもしれません）。

　なお，多重比較では**調整後 p 値**（*adjusted p* value）を用います。これは多数回の比較検定を行っているので不当に p < 0.05 のケースが得られや

すくなるのを防ぐためです。こうした p 値の調整やQ検定で用いる χ^2 値，McNemar 検定に利用する正確二項検定，及び統計的有意性検定の仕組み等についてはこれを機会に前著『〈全自動〉統計』Chapter 3 を見直してみてください。次の『統計的概念・手法の解説』はそうした前著との重複内容を部分的に割愛しています。

3.7　統計的概念・手法の解説2

● Cochran のQ検定

Q検定は $1 \times J$ 表の度数の検定に用いる。1×2 表に用いれば次項のMcNemar 検定と同じ結果になる。

Q検定が p 値を求めるために用いる **χ^2 値**（かいにじょうち）はズレ（差）を表す統計量である。帰無仮説は「理由間に度数の差がない」と仮定する。たとえば3つの理由の全選択 [1, 1, 1] と全非選択 [0, 0, 0] はズレを生じない。ズレが生じて χ^2 値が加算・増大するときは [1, 0, 0] のような選択・非選択が混じり，特定の"混じり方"が多数になるケースである。

本例ではズレは $\chi^2 = 8.222$ を示し，多重比較において「理由1＞理由3」という有意なズレ（の偏り）が見られた。理由1に度数が入るときは理由3に度数が入らないケース [1, #, 0] が多かったということである（Table 3-5 で確認してください）。こうした度数間の対応関係は合計選択数 [10, 7, 3] では消えてしまう。Q検定の効用はそこにある。Q検定の χ^2 値（= 8.222）は下の計算で求められる（有志用：Rプログラムの実行後にR画面に入力する）。

```
dx      # Table3-5 のデータ行列
k= 3  # セル数
gyoG= apply(dx, 1, sum)   # 選択数の行合計
retG= apply(dx, 2, sum)   # 選択数の列合計
Gokei= sum(dx)            # 合計選択数
(k-1)*(k*sum(retG^2)-Gokei^2) / (k*Gokei-sum(gyoG^2)) # Q検定
```

レポート例に記載された η_Q（イータ・キュウ）は効果量である。p 値は差の大きさについて情報をもたないので，効果量を添えて今回の差がどの程度のサイズであったかを示す。効果量 η_Q は "標準化された効果量" として相関係数 r と同様に解釈でき，$\eta_Q = 0.585$ は中程度以上の大きさと評価される（便宜的に大 =0.7，中 =0.4，小 = 0.2 とされる）。p 値の検定を使った場合，効果量の付記がないとベイズ主義者のクレームをまともに受けることになるので効果量の掲載は必須と考えておいたほうがよい。

● McNemar 検定

　McNemar 検定は対応のある 2 セルの度数を検定する。回答者の選択・非選択の対応情報を利用して組み合わせ可能な 2 × 2 表をすべて作成する。そのうち有意になったものは，下のような理由 1（人柄）と理由 3（政党）の度数をクロス集計（行列に集計）した 2 × 2 表である。

不支持の理由／	政 党	
人 柄	選択	非選択
選択	3 人	7
非選択	0	2

　この 2 × 2 表において McNemar 検定は「人柄」と「政党」に異なる選択を行った人数を比べる。すなわち対角線上のセルの「選択 - 非選択」7 人と「非選択 - 選択」0 人を比べる。検定には正確二項検定を用いる。結果として[7 人 vs 0 人]の偶然出現確率は調整後 *adjusted p* = 0.0468 となり，有意差と判定された。同様にして理由 1 ～ 3 のすべての組み合わせにつき多重比較を行った結果が下の出力である。

```
> tx3 # マクネマー検定（正確二項検定，両側）
          (1-0) (0-1)   p値 adjust.p 検出力
選択肢 1 = 2   5    2   0.4531  0.4531  0.095
選択肢 1 > 3   7    0   0.0156  0.0468  1.000
選択肢 2 = 3   4    0   0.1250  0.1875  0.000
```

```
> # (1 - 0)=( 選択 - 非選択 ),  (0 - 1)=( 非選択 - 選択 )
>
```

　行見出しの「選択肢」が「理由」である。上辺の（1-0）（0-1）の見出しは
それぞれ2つの選択肢に対する［選択 - 非選択］と［非選択 - 選択］を表し，
異なる2項の選択パターンのどちらが多いかを検定している。［選択 - 選択］
と［非選択-非選択］という同じ選択パターンはMcNemar検定では除外される。

付　録

道徳性の評価項目例（回答は Yes-No の 5 段階尺度）

1. 明日は学校で早朝より体育祭の学級対抗リレーの練習があります。ところが，あなたはテレビゲームに熱中しています。気付くと，もう午後 11 時，あなたはすぐにやめて寝ますか。

2. あなたは部活動で運動部に入り，あと一歩でレギュラーになれそうです。そこで，毎日，5 km 走の目標を立てました。4 日目，きつくなってきました。あなたは 5 日目も走りますか。

3. あなたは給食当番で牛乳の担当です。昼食後，牛乳を返却しに行っていると，廊下に牛乳がところどころにこぼれています。あなたは，ぞうきんで牛乳をふきますか。

4. 期末テストの社会科の答案で採点ミスがありました。先生に申し出ると 2 点下がります。あなたは正直に申し出ますか。

5. 自分の個性を発揮するために，あなたは容姿・髪型・服装・言葉づかいよりも自分の行動や考え方を大切にしますか。

6. あなたが信号機のない横断歩道を渡ろうとして，車が通り過ぎるのを待っていたら，車があなたに気付いて止まってくれました。あなたはこの時に頭を下げるなどの礼をしますか。

7. 車椅子に乗った人が横断歩道を渡ろうとしましたが，道に段差があって車輪がなかなか動きません。もう少しで段差を越えられそうです。あなたはこの時，手伝いますか。

8. 友達が宿題をやってくるのを忘れてしまい，あなたに答えを写すから見せてほしいと頼んできました。あなたは，友達のためにならないので，自分でやるように説得しますか。

9. あなたは異性に対して，自分にはない物の見方や考え方をしている存在として，認めたり大切にしたりすることができますか。

10. 話し合い中に，あなたが意見を言った後で，反対意見を言う人がいました。あなたは，その意見を一つの意見として尊重し，素直に聞くことができますか。

11. 自分は多くの人に支えられているなと感じて，他者のしてくれることに素直に感謝の気持ちを伝えたり，行動に示したりすることができますか。

12. どんな命でも大切なものであるので，給食で出されたものは残さないで食べるようにしていますか。

13. 地震や集中豪雨などでは，人間は自然の中で生かされているのだなと思い，自然を大切にしなければいけないなと考えていますか。

14. 人間誰しも弱い心をもってはいるけれど，それに打ち克つ力が自分にはあると信じて生きていますか。

15. 学校のきまりでは学校内にアメ・ガム等の不要物を持ち込むことは禁止されているのですが，友達から一緒に食べようと誘われました。あなたは，誘いを断りますか。

16. お母さんに，次の日曜日に一緒に老人ホームでの介護ボランティアに参加しないかと言われました。あなたは，参加しますか。

17. クラスの中で陰口を言っている友達に対して，あなたは，そのようなことを言うものではないと注意しますか。

18. あなたは，日直の仕事を終え，校舎の外に出ました。すると，先ほど閉めたはずの教室の窓が開いています。あなたは，もどって窓を閉めますか。

19. 今度の日曜日に，普段から汚れているなと感じている近くの公園の清掃活動があります。強制ではなく自由参加です。部活などの予定はありません。あなたは参加しますか。

20. お父さんやお母さんに自分のだらだらした生活について厳しく注意をされました。よく考えてみると自分のことを思って言ってくれているのだと思えますか。

21. あなたは附属長野中学校で学んでいることに誇りをもち，歌や校風の良さなどを大切にしていきたいと思いますか。

22. あなたは，生まれ育った土地（例・長野市）を大切にしていこうと思いますか。

23. 日本には，外国にはない数々の伝統文化があります（茶道・柔道・剣道・華道・歌舞伎・俳句・能など）。あなたはこれらを大切にしていこうと思いますか。

24. 自分たちとは肌の色が違ったり，生活の習慣が違ったりする外国の人に対して，偏見をもたずに，公正・公平に接することができますか。

※信州大学教育学部附属長野中学校 2015 年度公開研究会資料より

Column 3 ダイアグラムで連関・相関を視覚的に表示

　質問項目がたくさんあると項目同士の組み合わせも多くなるため，項目間の関係がわかりにくくなります。ダイアグラムは項目間の結果を視覚的に確認するのに役立ちます。片側確率が設定以下の項目間に線が引かれます。下の図は連関の場合ですが，相関の分析にも使えます。

❶【計算！】をクリックして計算結果を出力します。
❷「タブメニュー」から【ダイアグラム】を選択します。
❸確率やφ値の設定を変更します。
❹【保存】ボタンをクリックします。
→ Dia.png というファイル名で保存されます。

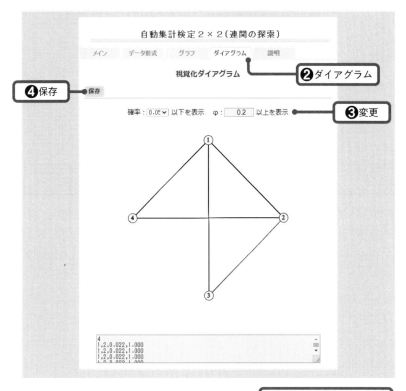

ダイアグラム描画用データ

i × J表のベイズファクタ分析

※ BayesFactor の関数 contingencyTableBF, proportionBF 使用

　度数の i × J 集計表を "contingency table" といいます。**分割表，共起表**などと訳されます。行次元 i と列次元 J に度数を分割した table という意味であり，また行次元 i・列次元 J が共に関連し度数が生起している table という意味です。この章では，この共起表のベイズファクタ分析を扱います。これに相当する **p** 値の検定はフィッシャーの正確検定，または i × J 表のカイ二乗検定となります。まず，i = 2, J = 2 の 2 × 2 表から分析してみましょう。

演習 4a　　**感受性が低い人は感情知能が働かない？**

　知的能力が高くても対人不適応や場面不適応を起こす人たちがいる。そうした人たちは感情知能（emotional intelligence）が低いと説明される。感情知能は感情の理解力・制御力であるが，感情に対してそうした能力が働くためには感情自体の感受性（sensitivity to emotions）が前提になると考えられる。そこで，感情感受性の高低が感情理解に影響を及ぼすかどうかを検討することにした。

　高校生・大学生の研究協力者に，昔話の『桃太郎の鬼退治』を読んでもらい喜怒哀楽をそれぞれどの程度感じたかをたずねた。その回答に基づき，多様な感情を強く感じたグループ（感受性高群）とあまり感じなかったグループ（感受性低群）を構成した。次に，両群に今度は『ウサギとカメ』の物語を提示し，ウサギがカメを「きみは本当にのろまだな！」とからかう場面でカメがどんな感情を持つかを「怒り」「嫌悪」「悲しみ」などから選択してもらった。その結果，Table 4-1 のようになった（田中・大石, 2019）。このデータについてベイズファクタ分析を行いなさい。

＊田中 敏・大石 力 (2019). 能力 EI (ability Emotional Intelligence) テストにおける感情選択問題の回答に及ぼす感情感受性の影響　日本感情心理学会第 25 回大会 , PS36.

Table 4-1　カメの感情の選択数（人）

	怒り	嫌悪他	合計
感受性高群	93	82	175
感受性低群	119	53	172

4.1 データ入力・分析

　2×2表なのでSTAR画面のメニュー【2×2表（Fisher's exact test)】を選びます。カッコ内の手法名ではなく，集計表の形で選んでください。

●操作手順
> ❶STAR画面左の【2×2表（Fisher's exact test)】をクリック
> ❷表示された2×2表にTable 4-1の度数を入力する
> ❸［□ベイズファクタ］にチェックを入れる
> ❹【計算！】→「Rプログラム」枠上辺の【コピー】をクリック
> ❺カーソルをR画面に移し【右クリック】→【ペースト】する

4.2 『結果の書き方』

　R画面に出力される『結果の書き方』は次のように5種類あります。これを今回の度数の標本タイプ（度数の出現の仕方）に合わせて正しく選択しなければなりません。i×J表のベイズファクタ分析はここが重要です。標本タイプを正しく選択しないと結果の解釈を誤ります。長いですが，以下に原出力を示します。

> ⇒標本タイプ（sample type）に合わせて以下のテキストのいずれかを選択してください。
>
> ■ポアソンtype:N無作為（行と列も無作為）
> 　Table(tx1)は○×○の度数集計表である。
> 　ポアソンtypeのベイズファクタ分析（有効水準=3）を行った結果，BF値は有力であった（BF=28.325, error=0%）。したがって行次元と列次元が実質的に関連することが示された（ϕ=0.159）。
>
> ■同時多項type:N固定（行・列は無作為）
> 　Table(tx1)は○×○の度数集計表である。

同時多項 type のベイズファクタ分析（有効水準 =3）を行った結果，BF
値は有力であった（BF=21.305, error=0%）。したがって行次元と列次元が
実質的に関連することが示された（ϕ =0.159）。

■独立多項 type: 行＝群（列が無作為）
　Table(tx1) は〇×〇の度数集計表である。
　独立多項 type のベイズファクタ分析（有効水準 =3）を行った結果，BF
値は有効であった（BF=14.245, error=0%）。したがって群1・群2の各値
の比率に実質的な差があり，群1の値1の比率 0.5314 が群2の値1の比
率 0.6919 よりも小さいことが示された。
　事後分布における各群の値の比率の 95%確信区間は Table(tx5) の通り
であり，事後分布のメディアンを用いた群1の群2に対する値1／値2の
オッズ比は 0.511(95%CI 0.441 - 0.584) と推定された。

■独立多項 type: 列＝群（行が無作為）
　Table(tx1) は〇×〇の度数集計表である。
　独立多項 type のベイズファクタ分析（有効水準 =3）を行った結果，BF
値は有効であった（BF=14.973, error=0%）。したがって列1・列2の各行
の比率に実質的な差があり，列1の行1の比率 0.4387 が列2の行1の比
率 0.6074 よりも小さいことが示された。
　事後分布における各列の行の比率の 95%確信区間は Table(オプション
tx6) の通りであり，事後分布のメディアンを用いた列1の列2に対する行
1／行2のオッズ比は 0.507（95%CI 0.485 - 0.525）と推定された。

■超幾何 type: 回答数固定（行合計・列合計が固定。2×2表のみ）
　Table(tx1) は〇×〇の度数集計表である。
　超幾何 type のベイズファクタ分析（有効水準 =3）を行った結果，BF 値
は有効であった（BF=9.164, error=0%）。したがって行次元と列次元が実
質的に関連することが示された（ϕ =0.159）。

⇒以上のどのテキストにもその末尾に，次のテキストを付け足してください。

> 以上の BF 値の計算にはRパッケージBayesFactor（Morey & Rouder, 2021）を使用し，各種設定はデフォルトに従った。MCMC 法による推定回数は1万回とした。
>

4.3　標本タイプの選択

　出力トップに，標本タイプに合わせて選択するよう指示があります。**標本タイプ**（sample type）とは度数があらかじめ固定されているか，または無作為に抽出されるかで決まります。研究者が1群を20人で構成したというようなケースではその度数 20 人は固定（fixed）です。一方，研究者が操作せず偶然（場面や成り行き）にまかせたケースではその度数は無作為（random）です。

　今回，Table 4-1 の行次元（感受性高群・低群）の度数は"固定"です。両群の人数（175 人，172 人）は研究者が操作した（構成した）比較すべき群にほかなりません。これに対して列次元の「怒り」「嫌悪他」はどんな人数になるのか事前には決まっていません。この度数は偶然（または心の必然）にまかせたことになります。つまり列次元の度数は"無作為"です。

　このように i × J 表のベイズファクタ分析は標本タイプを判別する必要があります。Table 4-1 は行次元＝固定，列次元＝無作為という標本タイプと判別されます。したがって『結果の書き方』の3番め「**■独立多項 type**：行＝群（列が無作為）」のテキストを選ぶことになります。実際の分析例もこの3番めが最も多い標本タイプです。以下，ほかのタイプも含めて順番に説明します。

●ポアソンタイプ：*N*＝無作為，行・列＝無作為
　N は総度数です。総度数が無作為ということは調査人数が何人になるか，あらかじめ決まっていないということです。時間見本法（time sampling method）のように，たとえば午前 11 時から正午までの間に食品売り場の試食コーナーに現れるお客さんを対象とした場合，最終的に *N* が何人になるかわかりません。したがって**ポアソンタイプ**（Poisson type）となります。ポアソン

は統計学者の名前で無作為な度数の出方を予測する Poisson 分布で有名です。

　N が無作為で決まっていないと，試食コーナーに来た男性・女性の数や当の商品の購入者・非購入者の人数も成り行きまかせになります。すなわち男女×購入者・非購入者の集計を行ったときの行合計・列合計も，試食タイムが終了したあとにしか決まりません。こうした集計表の**周辺度数**（総人数 N，行合計，列合計）がすべて無作為である標本抽出が，このポアソンタイプです。

　なお，ある会場や教室にポンと行って質問紙を配ったりする場合，そこにどんな人が何人いるかわからないとしても，N に何らかの作為が加わっていることがあります（入場制限や入試選抜など）。その可能性があるときはポアソンタイプではなく次のタイプです。インターネット・アンケートも N は無作為ではなく固定したタイプとみなしたほうがよいでしょう。

●同時多項タイプ：N＝固定，行・列＝無作為

　これは総度数（N）が固定されて，行次元と列次元の人数が無作為となるタイプです。たとえば上述したネットアンケートで「ネコと犬のどちらが好きですか」と「あなたはアウトドア派ですかインドア派ですか」を質問するようなケースがこの**同時多項タイプ**（joint multinomial type）に相当します。ネコ好き・犬好きがそれぞれ何人になるか，またアウトドア派・インドア派がそれぞれ何人になるかは"標本の抽出後でないとわからない"わけです。すなわち行合計・列合計が無作為になります。

　同時多項タイプは，度数の差を見るというよりは 2 × 2 表の行次元と列次元の関連性を見る研究になります。ネコ好きはインドア派が多く，犬好きはアウトドア派が多いという関連性を**連関係数 ϕ**（ファイ）として求めます（連関係数については p.58 参照）。

　実態調査の大部分は調査対象の年齢層や地域層を特定しますので，この同時多項タイプになります。ただし世論調査のような層別の比較を目的とした実態調査は男女や年齢層を偏らないよう操作しますので同時多項タイプにはなりません。次項の独立多項タイプです。

●独立多項タイプ：行＝固定，列＝無作為

　群間の差や実験効果を検証するための 2 × 2 表は，**独立多項タイプ**（independent multinomial type）です。通常，研究者が構成した群は i × J 表の行次元に置かれるので（Table 4-1 のように），行が固定となります。行に置かれた各群の人数がどの列に何人入（はい）るかは事前にわからないので列が無作為です。

　まれに群を列次元に置き，行を無作為とした 2 × 2 表をつくる研究者もいます。これもまったく同じ独立多項タイプであり行列を転置すればよいだけなのですが，念のため，次項のタイプが用意されています。

●独立多項タイプの列組み：行＝無作為，列＝固定

　行列の次元を入れ替えればまったく上と同じです。群は行次元に置くことを常識としておけば余計なタイプです。

●超幾何タイプ：行・列＝固定（２×２表のみ）

　最後は下のようなすべての周辺度数（行合計・列合計・総度数）が固定された標本タイプです。

	○	×	行合計
A定食	##	##	10
B定食	##	##	10
列合計	10	10	20

　たとえば $N = 20$ の人たちにA定食とB定食の両方を試食してもらったあと，10 人にA定食を基準として評価するよう教示し，その 10 人中 5 人に［○］のカードを渡し残り 5 人に［×］のカードを渡します。もう 10 人にはB定食を基準として評価するよう教示し，5 人に［○］，残り 5 人に［×］のカードを渡します。こうしておいてA定食・B定食の投票箱のいずれかにカードを入れてもらうと，2 × 2 表の各セルに度数が入ります。このデザインのポイントは，A定食を基準とするよう言われてA定食を○と思った人が［×］カードを渡されていた場合，その［×］カードはB定食の箱に投函することになるという点です。これが**超幾何タイプ**（hypergeometric type）になります。

　実際にはほとんど現れないタイプですが（2 × 2 表のみ可能），どちらの定食も両方×になりそうな "低次元の味比べ" では一定数の○を操作的に得ることができます。さらに［○］＝ 14 枚，［×］＝ 6 枚に固定すれば○の度数が増

えて，もっと見栄えのする結果になるでしょう。

さて，R画面に出力された5種類の『結果の書き方』のうち，どれを採用するかが決まったら（ここでは3番めの独立多項タイプを採用），その文章をR画面から文書ファイルにコピペします。そして語句の置換等を適宜行ってください（レポート例参照）。

▢ レポート例 04-1

Table 4-1 は，感受性高群・低群においてカメの感情を「怒り」または「嫌悪他」と回答した人数の集計表である。

独立多項タイプのベイズファクタ分析（有効水準＝3）を行った結果，*BF* 値は有効であった（*BF* = 14.245, *error* = 0%）。したがって感受性高群・低群の「怒り」と「嫌悪他」の選択比率に実質的な差があり，感受性高群の「怒り」の選択比率が感受性低群より小さいことが示された。

事後分布における各群の選択比率の95％確信区間は Table 4-2 の通りであり，事後分布のメディアンを用いた感受性高群の同低群に対する"怒り／嫌悪他"のオッズ比は 0.511（95%*CI* 0.441 – 0.584）と推定された。

Table 4-2　各群の選択比率の 95％確信区間

感受性各群の感情選択	*Median*	*CI* 2.5%	97.5%
高群の怒り	0.531	0.458	0.605
高群の嫌悪他	0.468	0.395	0.542
低群の怒り	0.690	0.620	0.755
低群の嫌悪他	0.310	0.245	0.380

▰ 結果の読み取り

帰無仮説は感受性高群・低群の間で「怒り」の選択比率に差がない（したがって「嫌悪他」の選択比率にも群間の差はない）を主張します。結果として有効な *BF* 値（＝ 14.245）が得られたことから，この帰無仮説は棄却され

て，感受性の高い人はからかわれた場面で怒りを感じる人が相対的に少なく（怒りの選択比率＝ 0.5314 ＝ 93 ／ 175 人），感受性の低い人は怒りを感じる人が多い（怒りの選択比率＝ 0.6919 ＝ 119 ／ 172 人）ということがわかりました。

　つまり感受性の高い人は，ある意味，怒って当然の場面でも直接に怒りに向かわない人が多いということです。これは感情に対して鋭敏なため感情を多様に処理するからではないかと考えられます。怒りは相手への接近・攻撃を動機づけます。感受性高群も 53.14 ％が「怒り」を選択しています。しかし残りの人たちは「嫌悪」のような回避感情・後退感情を選択しています。「嫌悪他」は嫌悪のほかに悲しみ，怯えを含みますが，それらは相手から離れる行動や自己の防衛を動機づけます。少なくとも感受性高群はそうした多様な反応を起こすと解釈されます。

　対照的に，感受性低群は約 70 ％が「怒り」を選び，からかわれたら当然起こるべき反感や反撃に動機づけられた人が多かったようです。これは感受性が低いため怒りの知覚が単一で可塑性がなく，何らかの処理をする以前に衝動的・短絡的な反応が起こってしまうからではないかと解釈されます。少なくとも怒りを怒り以外のものとして処理する可能性は低いと考えられます。

　このことから感情知能がたとえ同程度であっても，その能力の発揮は感受性の高低によって影響を受けるということが示唆されます。逆に，感情の感受性が低いと感情知能が発達する機会も少ないということも考えられるでしょう。

　この検定のあと，レポート例では「怒り」の真の選択比率を推定し，推定された事後分布のメディアンを用いてオッズ比＝ 0.511 を算出しています。**オッズ比**（odds ratio）は今回の 2 × 2 表の効果量（群間の差の大きさ）を表します。各群における「怒り」対「嫌悪他」のオッズの倍率を下の式のように分子・分母で比にしたものが倍率比，すなわちオッズ比です（数値は Table 4-2 参照）。

$$2 \times 2 \text{ 表のオッズ比} \ = \ \frac{0.531 \ / \ 0.468}{0.690 \ / \ 0.310} \ = \ 0.511$$

オッズ比 = 1 では各群のオッズ（怒り／嫌悪他の倍率）に差はありませんが，オッズ比 = 0.511 ですから，感受性高群のオッズが感受性低群の 0.511 倍しかなかったことを意味します。つまり感受性高群では怒りの倍率が小さく，それだけ感受性低群において怒りの倍率が大きかったということです。オッズ比は競馬などのギャンブルでよく使われる指標です。ギャンブルではオッズ（当選倍率）の大きいほうに賭けるものですが，「怒り」の管理では小さいほうに賭けるべきでしょう。

4.4　統計的概念・手法の解説 1

● i × J 表の事前確率分布

前章まで **BF** 値が二項分布や一様分布，多項分布に基づいて計算されていたように，i × J 表の **BF** 値も特定の確率分布に基づいて算定される。どのような確率分布を事前に設定すればよいかは，これもまたデータの抽出条件（標本タイプ）に依存する。それによって **BF** 値が異なり 5 種類の異なる『結果の書き方』が出力される。i × J 表の **BF** 値についてどんな確率分布が仮定されているか，ベイズファクタのマニュアル（p.i 参照）には明記されていないが，おそらく下表のものであると考えられる。

標本タイプ	総数 N	行合計	列合計	推定の事前分布
ポアソン	無作為	無作為	無作為	Poisson, gamma
同時多項	固定	無作為	無作為	Dirichlet
独立多項	固定	固定	無作為	Dirichlet
超幾何	固定	固定	固定	hypergeometric

4.5　データセット raceDolls の分析：BF 値の警報は誤報か

2 × 2 表の検定例として R パッケージ BayesFactor に実装されているデータセット raceDolls（人種 – 人形）がマニュアルでも分析されています（https://

richarddmorey.github.io/BayesFactor/#ctables)。この 2×2 表は **p** 値の検定で
はぎりぎり有意になるのですが，**BF** 値の検定では明らかに有効水準に達しない
という例になっています。**BF** 値に期待される役割として，こうしたフォールス・
アラーム（false alarm, 似非警報）の機能があります。つまり **p** 値の有意性に
対して「それは有意に見えるけれど違うよ！　ニセモノだよ！」という非常ベ
ルを **BF** 値が鳴らしてくれるというものです。しかし，その非常ベルの警報自
体が「違うよ！　誤報だよ！」と思われて仕方がないという例が，この例です。

演習 4b　　**黒人・白人の子どもは同人種の人形を好むか**

　R パッケージ BayesFactor に実装されたデータセット raceDolls（Hraba & Grant,
1970）を分析しなさい。この研究では黒人と白人の 4〜8 歳児に黒人・白人を
模した人形を提示し，「ナイスな人形」を選ぶよう求めた。Table 4-3 はその結果
である。人種の違いが人形の好みに影響を及ぼすだろうか。

＊ Hraba, J., & Grant, G. (1970). Black is beautiful: A reexamination of racial preference and
identification. *Journal of Personality and Social Psychology*, *16*, 398-402.

Table 4-3　「ナイスな人形」の選択者数

	同人種 dolls	異人種 dolls	合計
黒人の子ども	48	41	89
白人の子ども	50	21	71

　データセット raceDolls は，R 画面で下のように入力すると呼び出すことが
できます。

```
library( BayesFactor ) # R プログラムを実行済みなら不要
data( raceDolls )
raceDolls
```

　Table 4-3 はそれをもとに行次元と列次元を入れ替えたものです。2×2 表
ですから STAR 画面左の【2×2 表（Fisher's exact test）】をクリックし，
以下，演習 4a と同様に操作してください。

Rプログラムを実行後，R画面に5種類の『結果の書き方』が出力されます。標本タイプを特定し，正しい文章を採用しなければなりません。本例は黒人・白人の子どもたちの人数（89人，71人）が固定であり，同人種・異人種dollsの選択数が無作為となります。したがって独立多項タイプ（行＝固定，列＝無作為）のテキストを選んで，文書ファイルにコピペし修正してください。修正後のレポート例を示します。

レポート例 04-2

> Table 4-3は黒人・白人の子どもによる「ナイスな人形」の選択数を集計したものである。独立多項タイプのベイズファクタ分析(有効水準＝3)を行った結果，*BF*値は有効水準に達しなかった（*BF* = 1.815, *error* = 0%）。したがって黒人・白人の子どもたちの同人種・異人種の人形の選択率に実質的な差があるとはいえない。

結果の読み取り

結果は*BF*値が有効水準に達しませんでした（*BF* = 1.815 < 3）。RパッケージBayesFactorの開発者Rechard D. Morey氏も "わずか*BF* = 2足らずでは帰無仮説に反するあまり十分なエビデンスではない" と解釈しています（p.iのマニュアル内において［shy］で検索してください）。同氏が計算したカイ二乗検定の*p*値はYatesの補正後*p* = 0.0495と微妙な有意性を示すのですが，*BF*値はそんな擬似的な有意性を「採ってはダメだよ」と一蹴してくれる統計分析の "期待の新人（ルーキー）" ということなのでしょう。

しかしながら，次ページのRグラフィックの図を見ると群1（黒人の子ども）の異人種dollsの選択率が群2（白人の子ども）のそれよりかなり大きく，直観的にはどうしても黒人の子どもが白人の子どもよりもずっと多く異人種dollsを選んでいるように見えるのですが…。今後，*BF*値のけたたましい警報が鳴るたびに*p*値は「違うよ，ホンモノだよ！」と，トゥルー・アラーム（true alarm）を鳴らす役目を引き受けるようになるかもしれません。

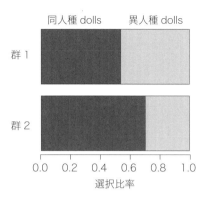

群1　同人種 dolls　異人種 dolls
群2
0.0　0.2　0.4　0.6　0.8　1.0
選択比率

4.6　統計的概念・手法の解説2

● Fisher の正確検定と *BF* 値の検定

　データセット raceDolls はレポート例のように，ベイズファクタ分析では有効水準にいたらない（***BF*** = 2 未満）。しかしながら，近似値によるカイ二乗検定ではなく Fisher の正確検定を行うと ***p*** = 0.0356（両側確率）ではっきり有意になる。以下はその出力である(STAR画面で[☑ベイズファクタ]のチェックを外す→【計算！】→RプログラムをR画面にコピペ)。

```
> tx1 # 度数集計表
      値1   値2   値1の比率
群1   48    41    0.5393
群2   50    21    0.7042
>

> tr1 # フィッシャーの正確検定
              p値
両側検定   0.0356
>
```

　このように ***BF*** 値と ***p*** 値の検定結果が一致しないことがおそらく今後頻繁に起こる。出力中の見出し「値1の比率」は同人種 dolls の選択率を表すが，

黒人児童による同人種 dolls の選択率 53.9% に対して，白人児童による同人種 dolls の選択率は 70.4% である。表面的には 16 ポイントの差がある。すなわち，黒人児童が同人種・異人種の dolls を約半数ずつ選択したのに対して，白人児童は 7 割相当が同人種 dolls を選んだように見える。

もし *p* 値の検定を行えば「有意差あり」となり，その有意差が何らかの社会的人種差別の作用によるものかどうかを確かめるための仮説を立てた新たな研究文脈が走り出すだろう。しかし *BF* 値の検定を行うなら「実質的な差はない」という結論になり，それ以上の発展的仮説が立てられることはない。両方を行ってみるなら結果は両義的であり，結論は保留されるが，そんなダブルの結果報告はたぶん受け付けられないだろう。

もちろん，どんな研究戦略をとるかは研究領域固有である。しかし，ベイズファクタ分析が時として非常に保守的な判定を証拠立てることは留意しておいたほうがよい。当該パッケージの開発者自身が前掲のデータを分析例として引用した意図がどこにあるかはわからないが，*BF* 値特有のふるまいとその分析上の立ち位置をよく表す好例である。（後述 p.96 へ続く）

● 2 × 2 表の *p* 値と *BF* 値の比較

データ raceDolls をパターン化して，有意な *p* 値と有効な *BF* 値の出方を調べてみよう。模擬的に 2 × 2 表をつくり，「群 1」「群 2」を黒人児童・白人児童，「値 1」「値 2」を同人種 dolls・異人種 dolls の選択数として，群 1（黒人児童）のほうの同人種・異人種 dolls の選択率を ［0. 50 vs 0.50］に固定する。こうしておいて群 2（白人児童）の dolls の選択数を変化させて，*p* 値が有意になるケースと *BF* 値が有効になる 2 × 2 表を模擬的につくってみよう。総人数を $N = 100, 200, 300$ に設定して有意または有効になるケースをつくった結果，次ページの表のようになった。

上段の 2 × 2 表が *p* 値有意（$p < 0.05$）となる 3 標本であり，下段の 2 × 2 表が *BF* 値有効（$BF \geqq 3$）となる 3 標本である。上段・下段の "群 2" の度数差を比較していただきたい。

演習の raceDolls の例は上段中央の $N = 200$ の標本に似ている（$p = 0.044$, $BF = 1.70$）。すなわち *p* 値の検定は有意で，*BF* 値の検定は $BF = 2$ 足らずである。もし群 2 の児童がもう 2 人，値 1 の dolls を選択していれば（上段から下段の

N = 100	値1	値2
群1	25	25
群2	**36** >	**14**

p=0.039*, *BF*=2.95

N = 200	値1	値2
群1	50	50
群2	65 >	35

_p_=0.044*, _BF_=1.70

N = 300	値1	値2
群1	75	75
群2	93 >	57

p=0.047*, *BF*=1.26

	値1	値2
群1	25	25
群2	**37** >	**13**

p=0.022*, *BF*=4.90*

	値1	値2
群1	50	50
群2	**67** >	**33**

p=0.021*, *BF*=3.33*

	値1	値2
群1	75	75
群2	97 >	53

p=0.014*, *BF*=3.80*

表において 65 → 67），**p** 値と **BF** 値の判定は互いに望ましい方向で一致しただろう（**p** = 0.021, **BF** = 3.33）。1 回 1 回のアタリ・ハズレを云々しても意味がないが，**N** = 200 の上段・下段の度数の差はそれ程違わない印象を受ける。

　度数の差はそんなに違わないが，目立った違いは **BF** 値の急激な変動である。特に左端 **N** = 100 の場合，上段・下段の 2 × 2 表は度数 1 個の差でしかない（36→37）。このとき **BF** 値は上段・下段で2.0 近くハネ上がっている（2.95→4.90）。**BF** 値は前述したように単一分布における確率変数ではなく，帰無仮説と対立仮説の異形(いぎょう)の確率分布の対比なのでそんな激変も起こりうる。有効水準 = 3 程度の低い段階では評価が大きく振れる傾向がある。有効水準を固定することに反対するベイズ主義者が少なくないのはそういう懸念もあるのかもしれない。新しい道具を使いこなすには時間をかけた経験則の裏打ちが必要である。道具の機能と特性も知らずに分析結果を信じることは危険の程が知れない。

4.7　ステレオタイプ効果と学習意欲

　ステレオタイプ（stereotype, 常同型）とは「日本人はよく…する」「世襲議員は所詮…である」のような特定の人々に対する決まりきった見方，考え方，信念を指します。いくつかの単語を提示して文をつくってもらう実験において，たとえば「老人」のステレオタイプに作用するような『白髪』『頑固』などの単語を提示すると，それで作文したあとの実験参加者の歩く速度が遅くなった

り，「優れた人」というステレオタイプに作用するような『成功』『達成』などの単語を提示すると，それで作文したあとの実験参加者の課題意欲が高まったりすることが知られています。

こうしたステレオタイプの効果を教育場面に応用できないかと考えたのが次の実験です。

演習 4c ステレオタイプ効果で学習時間を延ばす

血の滲むような努力を重ねて優勝した「勝利者」というステレオタイプ（常同型）を中学校生徒の学習動機づけに応用できないか研究を試みた。国際的なスポーツイベントで悲願の優勝を果たした日本人選手を話題に出し，当人が誇らしげに手を挙げたニュース写真を拡大して教室前後の入口付近に掲示した。

対照群として，同じ優勝選手を話題に出したが写真は掲示しなかったクラスと，話題提供も写真掲示もしなかったクラス（統制群）を設けた。

翌日，各クラスに一週間後に"特別強化臨時試験"を行うことを告げた。そして試験（内容は平易な復習問題）を実施し，その答案の返却前に各生徒に試験準備について「日頃の試験準備と比べて今回の試験準備の学習時間は多かったか，少なかったか」を3段階でたずねた。回答はすべて無記名であり，結果は Table 4-4 のようになった。ステレオタイプの効果があったかどうか，ベイズファクタで検証しなさい。

Table 4-4　試験準備の学習時間 3 段階の回答（人）

群＼日頃より	多かった	だいたい同じ	少なかった
話題提供＆写真掲示	15	10	7
話題提供のみ	7	11	13
統制群	5	8	19

Table 4-4 は集計済み度数ですが，ここでは未集計のデータを入力する方法を実習してみましょう。データリスト（参加者×回答）は1人1行で入力してください（$N = 95$ なので 95 行になる）。次ページのような形式のデータリストになります。データは『ベイズ演習データ』4c にあります。95 行のデータをコピーしておきましょう。

参加者×回答のデータ行列（N = 95）

参加者	群	回答
1	1	1
2	1	1
3	1	1
⋮	⋮	⋮
⋮	⋮	⋮
94	3	3
95	3	3

注）群番号は次の群を表す：群1＝話題提供・写真掲示群，2＝話題提供群，3＝統制群。回答番号は日頃と比べた学習時間の多少を示す：回答1＝多かった，2＝だいたい同じ，3＝少なかった。

　なお，群と回答の番号は必ず1から始まる整数にしてください（半角数字で群＝1〜3，回答＝1〜3）。入力の際は群1〜3を順番に打ち込む必要はなく群の番号が前後しても回答番号が上下で入り混じってもかまいません。

　分析メニューはi，Jを特定しない汎用の【i×J表（カイ二乗検定）】を選びます。カッコ内のカイ二乗検定に相当するベイズファクタ分析を実行します。

●操作手順

❶ STAR画面左の【i×J表（カイ二乗検定）】をクリック

❷ ［縦（行）：3］［横（列）：3］と設定する

❸ ［N＝□］直下の窓をクリック→大窓になる

❹ 大窓に未集計のデータ（95行）を貼り付ける

❺ 大窓右下の【代入】をクリック→集計表に度数が入る

　→実は Table 4-4 に掲載された集計済みの度数［15, 10, 7, 7, 11, 13, 5, 8, 19］を大窓に直接入力しても代入可能です。コピペが大変なら試してみてください。

❻ ［□ベイズファクタ］にチェックを入れる

❼ 【計算！】→「Rプログラム」枠上辺の【コピー】をクリック

❽ カーソルをR画面に移し【右クリック】→【ペースト】する

　出力される『結果の書き方』は1つ減って4種類になります（超幾何タイ

プは 2 × 2 表のみ）。どの標本タイプのテキストを選んだらよいでしょうか。Table 4-4 は行＝固定（群），列＝無作為（回答）ですから，やはり上から 3 番めの**独立多項タイプ**です。これを修正したレポート例を示します。修正は「群」を具体名に置換し，「値」を「学習時間 3 段階」に置換した程度です。

▢ レポート例 04-3　　※独立多項タイプ：行＝群，列＝無作為

Table 4-4 は各群における学習時間 3 段階の回答人数の集計表である。

独立多項タイプのベイズファクタ分析（有効水準＝ 3）を行った結果，<u>**BF**値は有効であった</u>ァ) (**BF** = 4.565, **error** = 0%)。したがって各群の学習時間 3 段階の比率に実質的な差があることが示された。

事後分布における各群の学習時間 3 段階の比率の 95%確信区間は Fig. 4-1（次ページ）のように推定された。

<u>各 2 群の多重比較を行った結果，</u>ィ) 話題提供＆写真掲示群と統制群の間に有力相当の大きな差が見られた（**BF** = 27.989, **error** = 0%）。<u>学習時間 3 段階の比率の 95%確信区間（Fig. 4-1 参照）において，</u>ゥ) 話題提供＆写真掲示群の学習時間「少なかった」の比率が統制群の「少なかった」の比率よりも小さいことが見いだされた。

（以下省略）

▶ 結果の読み取り

下線部**ア**において各群の「学習時間 3 段階」の比率に実質的な差があることが示されました（**BF** = 4.565）。そこで，下線部**イ**から多重比較を行います。

多重比較の結果，「話題提供＆写真掲示群」と「統制群」の間に有力相当の差が見られました（**BF** > 20）。具体的に「学習時間 3 段階」のどの段階に差があったのかをさらに検討するため（下線部**ウ**），Ｒグラフィックから作成した Fig. 4-1 において 95%確信区間の比較を行っています。

図のヨコ軸，学習時間「少なかった」のところでグラフを見ると，話題提供＆写真掲示群の"タテ線"が統制群のタテ線と重なっていません。したがっ

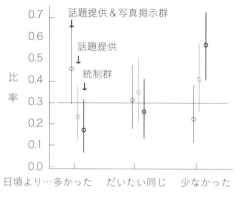

（注）○は median を示す

Fig. 4-1　各群の学習時間 3 段階の比率の 95% 確信区間

　て，話題提供＆写真掲示群の学習時間「少なかった」の比率が，統制群のそ
れより小さかったことが見いだされました。かくして，努力は裏切らないの
見本となる勝利者のステレオタイプが，話題提供＆写真掲示群の生徒たちの
学習時間を "底上げ" する効果を示したことが示唆されます。

　本当は学習時間「多かった」の比率にも有望な差が見られるとよかったの
ですが，Fig. 4-1ではわずかにタテ線が重なります。つまり両群で「多かった」
の比率の大小が逆転することもありうるということです。ゆえに「多かった」
の比率について群間の差は（ありそうなのですが）確定できません。

　試みに，カイ二乗検定で分析したらどうなるでしょうか。STAR画面に戻っ
て［☑ベイズファクタ］のチェックを外す→【計算！】→Rプログラムを【コ
ピー】→R画面にペーストしてみましょう。結果の出力では 3 × 3 表の検定
が有意で，かつ学習時間「多かった」の比率にも群間の有意差が見られるよ
うになります。心理・社会科学系の事象についてはカイ二乗検定の（事後に
残差分析へリレーする）分析システムのほうが，相対的に研究の "種" を見
いだせるように思われます。本当に役に立つ知見になるかどうかはその後の
こととして。

　なお，こうしたステレオタイプ効果は，自動動機や事前活性化テクニック

をテーマとする研究文脈で近年盛んに取り上げられるようになりました。その作用過程は無意識または意識下であり，対象者に被強制感（やらされている感じ）がなく疲労感が少ない（実際の疲労はある）ことが興味深い特徴です。類似した無意識の各種効果として心理学ではホーソン効果，ハロー効果，栄光浴効果，サブリミナル効果，ピグマリオン効果（自己達成予言）等々，多くの現象が古くからよく知られています。

　意欲のわきにくい活動は日常多々ありますから，こうした無意識の動機づけを利用できたらよいかもしれません。しかし，逆に悪用の可能性も（実例も）少なくありません。悪用を見抜くためにも，無意識の作用の意識的・意図的利用の知見を積極的に拡散すべきではないかと思います。特に青少年がターゲットとされる場合が多いので情報教育の一環として取り入れたいものです。

　この演習は悪用ではなく善用の試みの一例です（※架空のデータです）。実際に当該技法を実用場面に導入することは個々人の創意工夫の範囲ですが，本例のように対象者を群分けして実験比較を行う場合は，必ず専門研究者のアドバイスを受けてください。特に実験後の対象者に対する研究目的・意義の説明と処遇の均等化を図るフォローアップは必須です。

Column 4 スタック形式によるデータ入力

　このスタック形式は，たとえば下のような 2 × 3 表の度数集計前の元データの形式です。
　下の表は，性別ごとに好きな教科を調べた結果です。男→ 1・女→ 2，国→ 1・数→ 2・英→ 3 のように観測値を数値化して積み上げます（stack する）。

❶表計算ソフトなどからスタック形式のデータをコピペします。
❷「一括代入エリア」の右下隅の【代入】ボタンをクリックします。
→データが集計され度数がセルに代入されます。

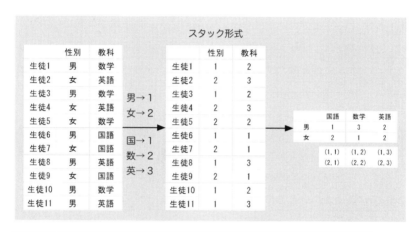

スタック形式

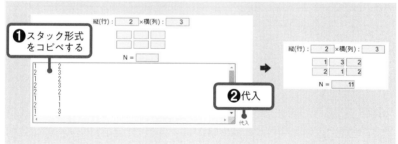

［補足］
　スタック形式のデータは，i × j 表だけでなく，1 × 2 表（正確二項検定），1 × 2 表：母比率不等，2 × 2 表，1 × j 表でも利用することができます。

5

t 検定のベイズファクタ分析

※ BayesFactor の関数 ttestBF 使用

　この章から，扱うデータは度数ではなく，時間，長さ，テスト得点などの連続量になります。データの尺度の種類としては間隔・比率尺度といわれるもので，度数データよりもはるかに多様な統計量を計算することができます。尺度の種類や各種統計量の基礎については『〈全自動〉統計』Chapter 7 を参照してください。

　本章では連続量データの代表値である平均について，2 平均の差の検定から始めます。

演習 5a　　トレーニング法は分散法がよいか集中法がよいか

　文部科学省 2020 年度実施の『小学校学習指導要領』「総則」には，児童の主体的・対話的で深い学びの実現に向けた一環として情報活用能力の育成を図るため「児童がコンピュータで文字を入力するなどの学習の基盤として必要となる情報手段の基本的な操作を習得するための学習活動」を計画的に実施することが述べられている。要するにコンピュータ・リテラシーのトレーニングが指示されている。そこで，ローマ字を学習した小学 3 年生を対象に応用的にキーボード入力のトレーニングを分散法と集中法で実施し，どちらが適するかその効果を比較してみることにした。

　児童 20 名を 10 人ずつ分散法と集中法のグループに分けて，分散法のグループには月・水・金曜日に各 10 分のキーボード入力トレーニングを行い，集中法のグループには週の金曜日だけ 30 分間の入力トレーニングを行った。トレーニング期間は 2 週間とし（トレーニングの合計時間は両グループとも 60 分），翌週の月曜日にテストを実施した。テストは制限時間 1 分の間に五十音順の文字を入力するというものであった（あいうえおかきく…と入力する）。Table 5-1 は各児童の正しく入力できた文字数である。

Table 5-1　児童の入力文字数

群	参加者	文字数
分散法	s1	10
	s2	26
	:	:
	s9	9
	s10	31
集中法	s11	12
	s12	30
	:	:
	s19	25
	s20	35

5.1 データ入力・分析

　同じ時間をかけてトレーニングするのであれば，より効果的な方法を選択したいと考えるでしょう。分散法とはインターバルを置いて短時間のトレーニングを繰り返す方法です。対照的に，集中法は一定の長い時間をかけて連続的に集中してトレーニングする方法です。英単語の暗記などでは分散法が効果的といわれていますが，小学生のローマ字入力ではどうでしょうか。

　データは『ベイズ演習データ』演習 5a にありますのでコピーしておいてください。以下，t 検定相当のベイズファクタ分析を行って検定してみます。

●操作手順

❶ STAR 画面左の【t 検定（参加者間）／ノンパラ】をクリック
　　→本例は児童 1 人がデータ 1 個を与える参加者間デザインです。1 人がデータ 2 個を与えると参加者内デザインになります。これは次の演習 5b で扱います。
❷ ［群 1 参加者数：10］［群 2 参加者数：10］と入力する
❸ データ枠直下の小窓をクリック→大窓になる
❹ 大窓にデータを貼り付ける
❺ ［□ベイズファクタ］にチェックを入れる
❻ 【計算！】→「R プログラム」枠上辺の【コピー】をクリック
❼ カーソルを R 画面に移し【右クリック】→【ペースト】する

　R 画面に出力された『結果の書き方』をドラッグ＆コピーし，文書ファイルにペーストして修正します。

5.2 『結果の書き方』

　出力された『結果の書き方』において，各群の○○得点…を「各グループの正しく入力された文字数」に置換し，統計記号を斜字体にすれば（→ *BF*, *error*, δ, *rscale*），それでレポートに仕上がります。以下は出力された原文です（レポート例省略）。

```
> cat(txt)  # 結果の書き方
  各群の〇〇得点について基本統計量を Table(tx0) に示す。
  ベイズファクタ分析（有効水準 =3）を行った結果（Table(Bxt) 参照），
BF 値は有効水準に達しなかった（BF=1.47，error=0%，両側検定）ア)。事
後分布における効果量 δ のメディアンは −0.782 であり イ)，その 95% 確信
区間は −1.676 − 0.091 と推定された。


  以上の BF 値の計算には R パッケージ BayesFactor（Morey & Rouder,
2021）を使用し，事前分布を Cauchy(rscale=0.707) としたほかは各種設
定はデフォルトに従った。MCMC 法による推定回数は 1 万回とした。
>
```

結果の読み取り

　下線部**ア**のように，2 群の平均の差の **BF** 値は有効水準には達しませんで
した（**BF** = 1.47 ＜ 3）。基本統計量を見ると（下記），群 1（分散法）は平
均 = 18.0，群 2（集中法）は平均 = 27.0 であり，表面的にはかなりの差があ
るように見えますが，**BF** 値の検定では実質的な差があるとはいえないとい
う結果です。

```
> tx0  # 基本統計量   ※ SD は不偏分散の平方根
       n    Mean      SD 標準誤差 Min Max
群 1  10      18  9.4985  3.0037   6  31
群 2  10      27 10.7393  3.3961  12  42
>
```

　BF = 1.47 は，帰無仮説（差がない）よりも対立仮説（差がある）のほうが 1.47
倍今回のデータを高い確率で予測したことを示しています。しかし，1.47 倍
はまだ有効ではない（証拠としては弱い）ということです。かといって帰無
仮説が正しいというわけでもありません（BF_{01} = 1 ／ 1.47 = 0.68）。結論と
しては，帰無仮説も対立仮説もどちらも採用できない，すなわち判定保留と

いうことになります。

　下線部**イ**は，2平均の差を標準化した効果量 δ（次の『統計的概念・手法の解説』参照）をシミュレーション推定した結果です。1万回の推定で出来上がった1万個の δ の事後分布におけるメディアン（事後分布は正規分布を仮定しないので平均よりもメディアンを利用する）は $\delta_{median} = -0.782$ であり，標本効果量の **delta** $= -0.888$（STAR 画面の「結果」枠参照）より若干落ちています。それでも絶対値 $|\delta|$ の便宜的評価基準（大 = 0.8，中 = 0.5，小 = 0.2）に照合すれば大きい差であるといえます。

　検定結果が思わしくなくても効果量が中程度以上であれば，分散法よりも集中法が効果的なのではないかという仮説を捨てる必要はなく再チャレンジを試みるべきです。そのように検定結果は総合的に判断して最終的な結論を導くようにします。

5.3　統計的概念・手法の解説 1

● t 値と効果量 δ（delta）

　t 検定は2平均の差を直接に検定するが，ベイズファクタ分析は2平均の差を効果量 δ に変換して検定する。データの差のままでは，たとえば10点満点と100点満点のテスト得点では10点という差の解釈がまったく異なる。そこで2平均の差を2平均の標準偏差で割り，効果量 δ という統計量に変換する。このように規格化された数量に変換することを**標準化**（standardization）という。これでデータの単位や尺度の寸法を気にせずに比較や分析が可能になる。

　標準化効果量には何種類かあるが，2平均の差については Cohen's d（コーエンの d）が多用される。通常，効果量 d（delta の頭文字）は標本の効果量を表し，母集団の効果量は δ（ギリシャ文字）で表す。しかしベイズファクタ分析では標本と母集団の区別がないので（そもそも母集団という概念がない），標本にも真値にも δ を常用する（d で通す場合もある）。標本の効果量 δ の計算は平均・標準偏差から求める方法（次ページの 1つめの式）と t 検定の t 値から求める方法（2つめの式）がある。

$$\delta \;=\; \frac{平均_1 - 平均_2}{\sqrt{\dfrac{SD_1{}^2 \times (n_1-1) + SD_2{}^2 \times (n_2-1)}{n_1 + n_2 - 2}}} \;=\; -0.888$$

※ SD は不偏分散の平方根

$$\delta \;=\; t\,値 \,\times\, \sqrt{\frac{1}{n_1} + \frac{1}{n_2}} \;=\; -0.888$$

　効果量 δ はプラス・マイナスを生じる。t 値から求める場合，t 値は ± を外して表示される場合が多いので注意しなければならない。効果量 δ のプラス・マイナスは無視できない。

　こうして今回のデータの差を効果量 δ に集約して，ベイズファクタ分析では $\delta = -0.888$（標本値）をより高い確率で予想したモデルは帰無仮説か対立仮説か，どちらなのかを見いだそうとする。

● t 検定のベイズファクタ分析の仕組み

　t 検定相当のベイズファクタ分析は，度数検定のベイズファクタ分析よりもはるかに複雑である。初学者が基礎・基本と言われて覚えさせられる t 値の定義式の比ではない。統計学固有の前提と証明が多数含まれる。本書では **BF** 値の概念的イメージを提供するにとどめるが，計算法に魅かれる向きは次ページに示す文献リストの Rouder et al.(2009) に当たっていただきたい。

　実際，ベイズファクタは専門的なアイディアと工夫が集積された労作といえる。ベイズファクタ自体の発想は Jeffreys（1939）の 1 標本検定（参加者内検定）に始まるということであるが，以後，2 標本検定への拡張のために平均差に代わる効果量 δ の導入から，δ の確率分布として正規事前分布と逆カイ二乗分布に等価の Cauchy 分布の採用，及び等分散制約の排除，片側検定の追加，さらに Savage-Dickey 計算法の発明まで改善・改良が繰り返されてきた（Gönen et al., 2005; Rouder et al., 2009; Wetzels et al., 2009）。そして一応の実用に耐えるベイズファクタの事前設定として Jeffreys-Zellner-Siow prior（JZS 事前設定法）が提出されたところで R パッケージ BayesFactor（Morey & Rouder,

2014) の開発が企画された。しかしこれは物語の一幕が開いたにすぎないようである。ベイズファクタをめぐる数理的困難と矛盾の問題解決が今も進行中である（Kelter, 2021）。以上の解説は臆面もなく単に語句を並べただけである。当該語句を取り出した文献を有志の参考用に以下列挙する。

[2 標本検定のベイズファクタ文献]

Gönen, M., Johnson, W. O., Lu, Y., & Westfall, P. H. (2005). The Bayesian two-sample t test. *American Statistician*, 59, 252-257.

Jeffreys, H. (1939). *Theory of probability*. The Clarendon Press, Oxford.

Kelter, R. (2021). Analysis of type I and II error rates of Bayesian and frequentist parametric and nonparametric two-sample hypothesis tests under preliminary assessment of normality. *Computational Statistics*, 36, 1263-1288.

Morey, R. D., & Rouder, J. N. (2014). BayesFactor 0.9.6. Retrieved from https://CRAN.R-project.org/package=BayesFactor

Rouder, J. N., Speckman, P. L., Sun, D., Morey, R. D., & Iverson, G. (2009). Bayesian t tests for accepting and rejecting the null hypothesis. *Psychonomic Bulletin & Review*, 16, 225-237.

Wetzels, R., Raaijmakers, J. G., Jakab, E., & Wagenmakers, E.-J. (2009). How to quantify support for and against the null hypothesis: a flexible WinBUGS implementation of a default Bayesian t test. *Psychonomic Bulletin & Review*, 16, 752-760.

こうした数次の発展段階を経て *BF* 値の定式化が図られてきたが，その果実だけを享受させていただくと，*BF*=（対立仮説が予想した δ の出現確率）／（帰無仮説が予想した δ の出現確率）で求められる。仕組みは *t* 検定の *p* 値の計算よりもシンプルであるが，この帰無仮説と対立仮説の予想確率分布をどのように描くかがまったくシンプルではない。簡単なイメージでは Fig. 5-1 である。

　帰無仮説は「効果量 $\delta = 0$」すなわち 2 群の平均の差がゼロであることを主張する。これは"一点予想"なので，帰無仮説の予想は Fig. 5-1 のように $\delta = 0$ を頂点として山形にバラつく比較的狭い確率分布になる。

　問題は対立仮説である。対立仮説は「効果量 $\delta \neq 0$」を主張するが，しかし δ の値を具体的に予想しない。したがって出現可能なすべての δ のどれか一つが出現する…という予想になるしかない。とすると，出現可能なすべての δ の出現確率を一律にみな等しいとした予想を提出せざるをえない。あまり常識的ではないが特定の予想を怠ったペナルティとされる（度数の検定における対立仮説の一様分布と同じ趣旨）。ただ一般には小さな δ はたくさん出現するが，大きな δ はまれにしか出現しない。そうするとやはり 0 付近の微小な δ が最

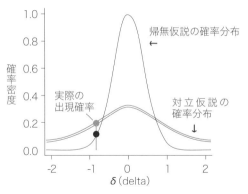

Fig. 5-1　ベイズファクタの仕組み

も多くて，それより大きい δ はだんだんと少なくなるだろう。そのような漸減
的分布を考えるのが現実的である。そこで δ の出現分布として提案されたのが
Cauchy（コーシー）分布である。それ以外の理論的分布でもかまわないらし
いが専門的な適度さとして採用されたようである。どんな δ の出現確率もみな
等しいということなら大小 δ の全個数が決まれば積分により確率分布を描くこ
とができる。こうして描かれたのが Fig. 5-1 の"低山"のような確率分布である。
帰無仮説の"一点予想"の尖った山形と違って，δ = 0 から ±∞ までを予想す
るので長く尾を引く"超低山"の形状になる。度数の検定における対立仮説が
一様分布であったが，それに似て確かにペナルティが加えられた予想といえる。
　この図中に実際に観測された標本効果量 δ = −0.888 のタテ線を立てる。す
ると δ = −0.888 について対立仮説が予想した出現確率と帰無仮説が予想した
出現確率を，高さの比として比較することができる（分布左側の●と●の高さ
比べ）。それが **BF** 値である（一方が他方の 1.47 倍ある）。この **BF** 値は対立仮
説の優勢を示す。つまり対立仮説の予想のほうが帰無仮説よりも 1.47 倍優れ
ていた。したがって対立仮説を支持する。しかし証拠の強さは有効水準に達し
なかった。今回はそういう結果である。
　以上のイメージ図と解説もまた受け売りにすぎない。出典はやはりパッケー
ジ BayesFactor の開発者 Richard D. Morey 氏による解説サイトである。本書
の"二番煎じ"よりも正確かつ的確でわかりやすく，しかもやさしい。

[Richard D. Morey 氏による解説サイト]

http://bayesfactor.blogspot.com/2014/02/bayes-factor-t-tests-part-1.htm
http://bayesfactor.blogspot.com/2014/02/bayes-factor-t-tests-part-2-two-sample.html

● p 値と BF 値の検定結果の不一致

今回のベイズファクタ分析では BF = 1.47 ＜ 3 であり，検定の結論は保留となった。しかし STAR 画面の「結果」枠を見ると，2 グループの差は有意傾向を示している（$t(17)$ = 1.985, p < 0.10, 両側検定）。こういう場合，どうすればよいだろうか。

おそらく p 値と BF 値の使い分けについて今後さらに議論が必要になるだろうが，現時点では個人的には放っておけばよいと考える。個々の研究者にまかせて自由に選択し自己責任で報告させればよい。研究はすべて報告義務を負うが，ある意味，p 値の有意水準（a = 0.05）は報告すべき研究結果を選別し"漉し取る"フィルターの役割を果たしてきた。BF 値の有効水準（BF = 3）も同様のフィルターとして考えるなら"漉し取り"の性能が相対的に異なるだけである。その意味において，p 値を使わず BF 値を使うべきだと強硬に主張する p 値廃止論者は p 値の有意水準をどうして5％から1％にしないのかと言っているに等しい。原理的には対立仮説のペナルティを厚くしているにすぎない。

もともとアメリカ心理学会（APA）で持ち上がった p 値廃止論は，彼ら同業者の自制の利かない有意な報告のインフレーションから起こったものであり，フィルター機能の高い BF 値に単に反動的に振れた極論ともいえる。しかし BF 値にはそれ自体利用を勧めたい技術的な良さがあるから，そうした"尾ひれ"の極論まで輸入すべきではない。

研究活動の原点に立ち戻れば，今回の研究結果を報告すべきか否かは自身の専門テーマの領域と文脈において意義を見いだせるかどうかにかかっている。報告価値は p 値や BF 値の言うことを聞いて決めるものではない。新規の知見として人材を集中させたい研究者は p 値の有意傾向まで訴えるだろうし，差のない同等性を実証したい研究者は最初から BF 値を用いるだろう。個々人の自由にまかせればよいという私見はそういう趣旨である。

演習例の児童のローマ字入力に及ぼす分散法と集中法のトレーニング効果について BF 値は有効でなかったが，p 値は有意傾向であると知られた。そうで

あれば筆者らは発見的意義を重視する立場から **p** 値の有意傾向を報告するだろう（※データは架空のものです）。**BF** = 1.47 でも受理されるのならそちらの場で公開することを図るだろう。要するに何としても報告しようとする。自らのテーマに関する洞察と発見的意義を信じるからである。**BF** = 1.47 でもそれが追試として 10 回中 9 回報告されたらさすがに何人も対立仮説を受け入れざるを得なくなる（度数の検定で **BF** = 5.48 となる）。

（後述 p.197 へ続く）

● **BF** 値を用いたノンパラメトリック検定

平均を扱う限りは **t** 検定もベイズファクタ分析もデータの正規分布を前提とする。もし分布の正規性に問題があるときは『結果の書き方』の末尾に出力される**探索的集計検定**の結果（下記）を参照し，有効であれば採用することができる。

```
> hyo;cat(bx)  # 探索的集計検定の結果
              6 〜 11    12 〜 42
 群 1 (n=10)      5          5
 群 2 (n=10)      0         10
BF=10.678, error=0%（両側検定）
>
```

これは平均をあきらめて度数の分析に切り替えた検定である。そうすることで平均の前提となる正規分布を仮定しないですむ。この**探索的集計検定**は STAR オリジナルであり，いわゆるノンパラメトリック（分布規定値なし）の手法の一つ・メディアン検定の拡張版である（『〈全自動〉統計』p.98 参照）。上記出力の通り，探索的集計検定の結果，2 群の児童 N = 20 を入力文字数で分けた人数の差を検定するとハッキリと有効水準以上であった（**BF** = 10.678）。すなわち，分散法（群 1）に比べて集中法（群 2）では入力文字数 6 〜 11 字の児童数よりも 12 〜 42 字の児童数が実質的に多くいた。群 1 のデータが特に L 字形に偏っていたようである。正規分布が疑われるときは探索的集計検定（**t** 検定のメニュー内で特に指定することなく自動的に実行される）の

結果を見てみることをお勧めしたい。

● t 検定の p 値と BF 値の比較

今回の分散法と集中法の2平均（18.0 vs 27.0）はもともと正規分布していないデータであり，従来版の t 検定でもベイズファクタ分析でも有意・有効にならなかったが，正規分布を仮定して p 値と BF 値の検定結果がどれくらい異なるかを比較してみよう。2平均の差を効果量 δ に変換し，どの程度の δ のサイズがあれば p 値が有意になるか，BF 値が有効になるかを計算した結果，p 値有意または BF 値有効となる最小の δ の大きさは下の表のようになった。

有意・有効となる最小効果量 δ

n	$p < 0.05$	$BF \geqq 3$
10	0.940	1.126
20	0.640	0.772
50	0.398	0.494

注）n は1群のデータ数。BF 値の尺度設定は $rscale = 0.707$。

たとえば1群10人（$n = 10$）の場合，p 値が有意となる最小 δ は 0.940 である。これに対して BF 値が有効となる最小の δ は 1.126 であり，やはり BF 値のほうが少し大きめの差を要求する。この傾向は $n = 20, 50$ でも同様であり，BF 値のハードルが幾分高いことがわかる。全体としてみると 0.1 ～ 0.2 の違いがある（標準偏差の 0.1 ～ 0.2 倍の差）。しかしそれほど大きな差ではない。現実的な $n = 20$ のサイズで $\delta = 0.5$ 以上で有意とされていたものが，$\delta = 0.8$（大きい）付近までないと有効とされない。その程度の違いである。ただ，小さな効果量しか得られないテーマが教育・社会心理領域には多いので（誤差要因の統制に限界があるため），p 値の検定で今まで特に支障がなかったならば時流でベイズファクタに乗り換えると混乱するおそれがある。そのことは留意しておいたほうがよい。

※次項はシミュレーション学習。参加者内 t 検定へ進む場合は 5.6（p.105）へ飛ぶ。

5.4 シミュレーション学習①：正規分布をつくる

　実用上のノウハウを学んだ次に遡及的に，ここからはSTAR実装のシミュレーション・メニューを使って平均の分析の基礎・基本を学んでみましょう。特に本章のような連続量の指標を扱う場合，データの分布が正規分布していることが大前提になります。そこからシミュレーション学習を始めてみます。

　正規分布（normal distribution）とは，左右対称の滑らかな釣り鐘状の曲線で表されたデータ分布のことです。生徒の身長やテスト得点などでよく見られる分布の形状です。もしデータが正規分布していないと，平均はそのデータの代表値としての意味がなくなります。正規分布の基本的性質として，正規分布の平均±標準偏差の範囲にデータ全体の68.3%が含まれます（下図参照）。この正規分布をヒトの手でつくれるかどうか，まずは試してみましょう。

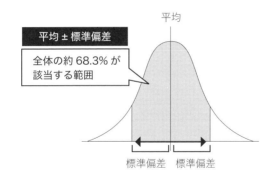

課題 I

正規分布をつくる

　STAR画面のシミュレーション・メニュー【平均と標準偏差】を使って，理論的な正規分布にできるだけ近似した正規分布をつくりなさい。正規分布の指標である歪度（わいど）＝0，尖度（せんど）＝0を目指すこと。

●シミュレーションの操作手順

　次の手順に従って操作してください。使用するシミュレーション・メニュー

【平均と標準偏差】はSTAR画面の相当下のほうにあります。それだけ最新の
メニューです。課題文に出てくる「歪度」「尖度」は正規分布への適合度を示
す指標です。以下の操作手順の中で解説します。

❶STAR画面の下方にある見出し「シミュレーション」を探す
　→画面を下にスクロールさせると，左サイドに見つかります。
❷メニューリストの【平均と標準偏差】をクリック
　→下図のような画面が表示されます。ヨコ軸上の●が1個のデータです。
　　全部で10個の●がランダムに表示されます（$N = 10$）。正規分布の中に
　　引かれた3本の破線は平均と平均± $1SD$ の位置を表します。

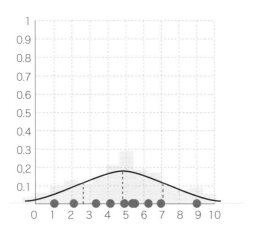

平均	4.86	標準偏差	2.35
歪度	0.02	尖度	0.00

❸ポインタを●に当てマウスで動かす
　→10個の●のどれでも動かせます。●を動かすと正規分布が広がったり
　　狭くなったりすることを確かめましょう。また，●の背景の淡い色の"パ
　　ネル"が変化することも確かめましょう。
　　正規分布のきれいな曲線は平均と SD の値から理論的・理想的に描かれ
　　たものです。これは一応の目安と考えてください。背景の淡いデコボコ
　　したパネルが現在のデータ（●）の状態を反映した実際の分布形です。
　　これを左右対称のなだらかな"お山"にすることが課題です。

❹データの●を動かし背景のパネルを正規分布に近づける

  →操作のコツは，平均付近を密にして，左右対称に●を散らしてゆくことです。もっと正確に近似させるには，以下に述べる正規分布の理論的特性を実現することです。

＊平均±1*SD* の範囲に全データの 68.3％が入る

  →理論的分布の中に引かれた平均±1*SD* のタテ線の範囲内に，6 個または 7 個の●を（左右対称に）持ってくると正規形に近づきます。

＊歪度(わいど)という指標の値が±0になるようにする

  →歪度は分布の歪(ゆが)みを示す指標です。歪度＝±0でヨコ方向の形状が正規分布にフィットします。歪度が0以外の値を持つと，その分だけ分布が左か右に偏ります。

＊尖度(せんど)という指標の値が±0になるようにする

  →尖度は分布の尖(とが)りを示す指標です。尖度＝±0でタテ方向の形状が正規分布にフィットします。尖度が0以外の値を持つと，その分だけ分布の中央が尖るか，またはへこみます。

  理論的に描かれた正規分布曲線はあくまで目安です。背景のパネルがきれいな形になることを目指してください。実は前掲の図は筆者らの一人がけっこう頑張った例です。尖度 = 0.02，歪度 = 0.00 で降参しましたが，背景のパネルはわりとなだらかな正規形を示していると思います。これを超えられますか。

5.5　シミュレーション学習②：データを再現する

  正規分布はなかなかヒトの手ではつくれません。それは人間・社会の諸事象も同じで，なかなか正規分布になりません。正規分布は数理的規則によるものであり，人間と社会の生態的法則によるものではないからです。演習 5a の児童のタイピング文字数も正規分布していないのはおかしいことではなく，それを正規分布に当てはめようとする作為が実はおかしなことなのです。

  データ分析の虚構(フィクション)をわきまえたうえで，それでも科学的単純化のために正規分布はデータの似姿(にすがた)としてきわめて有用なものです。演習 5a のデータは正規分布していませんでしたが，模擬的に正規分布しているとみなして再現してみましょう。こうした既存データの再現もシミュレーションの用途の一つです。

　STAR 画面のシミュレーション・メニュー【t 検定・A s（参加者間)】を使って，演習 5a における 2 平均の差を再現しなさい。p 値と BF 値の模擬的な比較（p.98 参照）では，n＝10（1 群 10 人）で p ＜ 0.05 を得るには δ＝-0.940 の平均差が必要であった。その平均差（正しく入力された文字数の差）を求めなさい。また，BF 値≧3 を得るにはさらに δ＝-1.126 の平均差が必要であった。その具体的な平均差も求めなさい。求めた数値を Table 5-2 のア・イの［　］内に記入しなさい。

Table 5-2　演習 5a のシミュレーション課題

	演習 5a の再現		$p < 0.05$ 仮想例		$BF \geq 3$ 仮想例	
	分散法	集中法	分散法	集中法	分散法	集中法
N	10	10	10	10	10	10
Mean	18.0	27.0	18.0	［ ア ］	18.0	［ イ ］
SD	9.5	10.7	9.5	10.7	9.5	10.7
δ	-0.888		$\delta = -0.940$		$\delta = -1.126$	

●シミュレーションの操作手順

❶STAR 画面下方の見出し「シミュレーション」を見つける

❷その中の【t 検定・A s（参加者間)】をクリック

　→右ページのような画面が表示されます。

❸［データスケール：5］を選択する（初期値＝1）

　→ Table 5-2 の演習 5a の平均値（＝18, 27）に合わせて，グラフのヨコ軸の単位を 5 倍にします。

❹各正規分布の●●をそれぞれ［18, 27］に動かす

　→正規分布の中央の●●が平均です。赤色（●）の正規分布は 18.0，青色（●）の正規分布は 27.0 の位置に動かします。下段枠内の mean（平均）を見ながら操作します。A1 が赤色（●：分散法），A2 が青色（●：集中法）のデータ分布です。

❺SD を［9.5, 10.7］と入力する

　→分散法・集中法 SD を表内に直接入力します。正規分布の幅が微妙に

変わります。これで演習 5a のデータを再現できました。と同時に検定結
果が出力されています。

❻表下の枠内の p 値，効果量 δ を確認する
→ p 値は有意傾向（.05 < p < .10），効果量 δ = –0.889（誤差あり）で演
習 5a と同じになります。

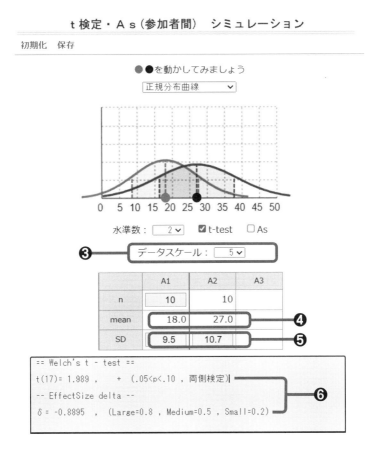

t 検定・A s（参加者間）　シミュレーション

初期化　保存

●●を動かしてみましょう

[正規分布曲線　∨]

0　5　10　15　20　25　30　35　40　45　50

水準数：[2 ∨]　☑t-test　☐As

❸ ──── データスケール：[5 ∨]

	A1	A2	A3
n	10	10	
mean	18.0	27.0		──❹
SD	9.5	10.7		──❺

```
== Welch's t - test ==
t(17)= 1.989 ,    + (.05<p<.10 , 両側検定)
-- EffectSize delta --
δ = -0.8895 ,  (Large=0.8 , Medium=0.5 , Small=0.2)
```
──❻

BF 値も BF = 1.470 になるはずですが，これは R 画面で次ページのように
プログラムを書いて手動で求めてください。計算には各群の n，平均，SD を使
います。n，平均，SD は 2 行めと 3 行めの d1, d2 の右辺に使われています。そ
こを書き換えればどんなデータの BF 値も R で計算できます。

```
# t検定相当のBF値
library( BayesFactor )        # 何らかのBF分析を実行済みなら不要
d1= scale(1:10)* 9.5+18.0    # 分散法のデータd1を生成する
d2= scale(1:10)*10.7+27.0    # 集中法のデータd2を生成する
ttestBF( d1, d2 )             # BF値を求める
```

これで，**BF** = 1.477（誤差あり）が得られます。

ここから次の課題です。演習では有意・有効でなかった有意・有効を得るため平均差を仮想的に広げてみます。「分散法」の平均 = 18.0 を固定し「集中法」の平均 = 27.0 を動かすことにします。かなり微妙な操作になります。

❼ 青色の正規分布（●）を右側へ（ほんの少し）動かす
→平均差を広げます。下の枠内の [δ =−0.889] に注目してください。これが Table 5-2 の仮想例にある δ =−0.940 を超えた時点で●を止めます。その δ が $p < 0.05$ が得られる最小 δ です。p 値が [.05 < p < .10] からハッキリ [p < .05] に変わったことを確かめてください。この時点の平均値が課題2［ア］の解答になります（≒ 28.2）。しかし **BF** 値はまだ有効にはなりません。そこで，さらに平均差を広げます。

❽ 青色の正規分布（●）をさらに右へ（少し）動かす
→枠内の δ の値が−1.126 を超えるところで●を止めます。平均値を読み取るとそれが課題2［イ］の解答になります（≒ 30.2）。

以上，集中法の平均入力文字数は演習例では27.0字でしたが，1文字プラスの28.2字であったならば有意傾向がハッキリ有意になることがわかりました。さらにまた，3文字プラスの平均 = 30.2 字であったならば **BF** 値も有効水準に達するということです。

グラフを見ると，2群の平均の差が有意・有効になっても2つの正規分布の重なりはけっこうあるものです。この操作のように平均を広げれば両方の分布の重なりは少なくなります。しかし平均を動かさなくても **SD** を小さくすると重なりは少なくなります。どちらの群でもよいので [**SD**] の欄の▼をクリックし押し続けてみましょう。すると正規分布が動画のように形を変えてゆきま

す。分布の重なりはどうなるでしょうか。δの値はどうなるでしょうか。観察してみてください。

　1群の人数 n も変えることができます。［n］の欄の▲も押し続けてみましょう。下段枠内の t 値が目まぐるしく変わります。δ はどうでしょうか。効果量 δ の不変・不動の性質（n のサイズに左右されない）が実感できると思います。

　このように何を変えると何が変わり，何が変わらないか，また結果がどうなるのか，それがシミュレーションでわかります。実際のデータの収集前の予想や収集後の再現，及び先行研究の検討に利用してください。ここで使用した【t 検定・A s（参加者間）】シミュレーションについて解説以外の特徴と便利な操作を以下に挙げておきます。

　＊上辺の［正規分布曲線］のほかにも描画のオプションが選べます。［折れ線グラフ］を選んだときも，［□正規分布曲線］をチェックすれば正規分布も描いてくれます。
　＊グラフ下の［水準数：2］を3に変えると，3平均のシミュレーションも可能です。3群の分散分析を行ったときのデータの再現に使ってください。
　＊チェックボックス［□ t-test］をチェックすると下枠内に t 検定の結果を出力し，［□ As］をチェックすると，分散分析 A s の結果を出力します。
　＊［データスケール：1］は最大10ポイント，［同：5］は最大50ポイント，［同：10］は最大100ポイントをそれぞれヨコ軸に仮定します。実際のポイント数は少ないので入力を正確に再現できない場合があります。描画に［折れ線グラフ］を選択したときはタテ軸が0〜50ポイントに固定されます。

5.6　時間データの対数変換による分析

　中学校体育では陸上競技の一つとして中距離走があります。そのトレーニング方法として疾走と緩走を繰り返すインターバル走と一定の距離を一定のペースで走るペース走を指導します。次の演習5bはどちらの方法が効果的かという検証ではなく，両方とも実施してとにかく記録を伸ばせたかどうかを確認するという分析になります。それが教育指導の本来の目的です。

演習 5b トレーニングは伸び盛りに！　※参加者内 t 検定に相当

　中学1年生の1500 m走の授業に，インターバル走とペース走を取り入れ，持久力の向上を図ることにした。最初の授業で，準備体操後に1500 m走のタイム測定を行い，その後の授業で，インターバル走とペース走の違いや効果について説明し，インターバル走の練習を中心として5回，ペース走の練習を中心として5回，交互に全10回の授業を実施し，再度タイムを測定した。Table 5-3はその記録である。事前・事後のタイムにおいてトレーニング効果が見られるか。ベイズファクタ分析で確かめなさい。

Table 5-3　1500 m走のタイム測定の記録（秒単位）

ID	事前測定	事後測定
生徒 1	291	290
生徒 2	355	344
生徒 3	377	380
生徒 4	355	350
生徒 5	324	326
生徒 6	432	418
生徒 7	401	387
生徒 8	302	295
生徒 9	311	303
生徒 10	317	306
生徒 11	322	322
生徒 12	331	319
生徒 13	335	321
生徒 14	343	331
生徒 15	352	343

　データは時間データ（秒単位）です。一般に，テスト得点や身長などのデータは正規分布しますが，時間データはL字形の分布になる傾向があります（尺度の片方が開いているため）。そこでL字形になりやすいデータについては事前に対数変換を行って正規形に近づける処理がよく行われます。この演習でもそうしてみましょう。

　データの数値変換は表計算ソフトなどでも行うことができますが，STAR画面のサイドメニューにも数値変換のユーティリティが用意されています。簡単な手順で，対数変換のほかにもさまざまなデータ変換を行うことができます。以下，データの数値変換を行ってからベイズファクタ分析へ移行する手順を一連の流れとして実行してみます。『ベイズ演習データ』演習5bのデータをコピーしておいてください。

●操作手順

❶ STAR 画面で「ユーティリティ」を探し【数値変換（…）】をクリック
→【数値変換】ユーティリティのページが開きます（下図）。

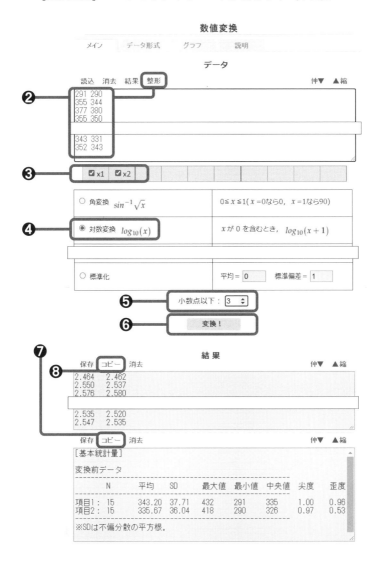

❷ 「データ」枠にデータをペースト→枠上辺の【整形】をクリック
→枠下に ☑ x1 ☑ x2 が表示されます。これはデータ列を表します。

❸変換しないデータ列のチェックを外す（本例不要）

　→チェックを外すとその列は変換されません。本例は全列そのままとします。

❹オプション枠内の［○対数変換］をチェックする

　→初期状態は［◉角変換］がチェックされていますので，対数変換にチェックを入れます（→◉対数変換）。

❺オプション枠下の［小数点以下：3］を選択する（初期値＝2）

　→対数値に変換するときは［小数点以下：3］が適度です。

❻【変換！】をクリック

　→「結果」枠に（常用）対数に変換された数値が出力されます。その下枠には変換前・変換後の基本統計量が出力されます（レポート用）。さらに下の「Ｒプログラム」枠には Shapiro-Wilk（シャピロ・ウィルク）の正規性検定のプログラムが出力されます（有志用，説明省略）。

❼「基本統計量」枠上辺の【コピー】をクリック→文書へコピペする

　→レポート用に基本統計量を文書ファイルにコピペし，確保しておきます。

❽「結果」枠上辺の【コピー】をクリック

　→対数値（下記）を保有している状態になります。これを t 検定のページに貼り付けて分析することにします。

```
----
    2.464  2.462
    2.550  2.537
    2.576  2.580
      :      :
      :      :
    2.535  2.520
    2.547  2.535
-----
```

❾STAR 画面左の【 t 検定（参加者内）／ノンパラ】をクリック（右図）

　→データは生徒1人が2個のタイムを与えるので，個々人の内で記録が伸びたかを比較する参加者内計画になります（個人間の比較ではない）。

❿［参加者数：15］と入力する

　→15 人 × 2 水準の枠が表示されます。

⓫データ枠直下の小窓をクリック→大窓になる

⓬大窓にデータ（対数値）をペースト→右下の【代入】をクリック

⓭Ｒオプションの［□ベイズファクタ］をチェックする

⓮【計算！】→「Ｒプログラム」枠上辺の【コピー】→Ｒ画面にペースト

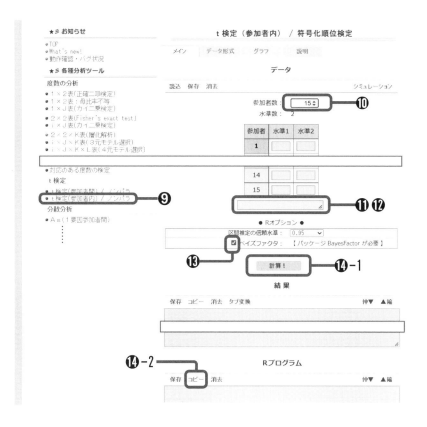

実行後，R画面に出力された『結果の書き方』を文書ファイルにコピペし，修正します。修正に当たっては，今回，データの変換を行ったのでそのことを加筆する必要があります。以下は出力原文です。

> cat(txt) # 結果の書き方
　　各水準の○○得点について基本統計量ア)をTable(tx0) or Fig. ■に示す。
　　　ベイズファクタ分析（有効水準 =3）を行った結果（Table(Bxt) 参照），BF 値は非常に有力であった（BF=187.79, error=0%, 両側検定）。したがって水準 1 の平均 2.5332 が水準 2 の平均 2.5237 よりも実質的に大きいイ)ことが示された。事後分布における効果量 δ のメディアンは 1.244 であり，その 95%確信区間は 0.576 - 1.948 と推定された。

さらに効果量δの範囲についてベイズファクタによる検定を行った結果（Table(Bxt3) 参照），｜δ｜＞１の BF 値が有効であり（BF=11.377, error=NA%），効果量δの大きさは絶対値１以上と想定される。

以上の BF 値の計算にはＲパッケージ BayesFactor (Morey & Rouder, 2021) を使用し，事前分布を Cauchy(rscale=0.707) としたほかは各種設定はデフォルトに従った。MCMC 法による推定回数は１万回とした。

⇒２水準の差の分布に正規形を仮定できない場合，下の記述を参照してください。

ベイズファクタ（BF，有効水準 =3）を用いたサイン検定ゥ) を行った結果，BF 値は有効であった（BF=8.112, error=0%, 両側検定）。したがって，水準１＞水準２の度数 12 が水準１＜水準２の度数２よりも実質的に多いことが示された。
（以下省略）

下線部の修正

ア　基本統計量…は対数変換後の平均や ***SD*** を載せてもよいのですが，ここでは変換前の秒単位のデータのほうがイメージしやすいので，操作手順❼で確保した変換前の基本統計量（下記出力）を載せることにします。掲載する統計量は ***N***，平均，***SD*** は必須です。あと何を掲載するかは任意です（レポート例参照）。

［基本統計量］
変換前データ

	N	平均	SD	最大値	最小値	中央値	尖度	歪度
項目１：	15	343.20	37.71	432	291	335	1.00	0.96
項目２：	15	335.67	36.04	418	290	326	0.97	0.53

※ SD は不偏分散の平方根。

イ 「水準1の平均が…大きい」は事前のタイムが「遅い」ということですから，事後のタイムが速くなったという文意に換えます。そこで主語・述語を逆転させることにします（レポート例参照）。

ウ ベイズファクタを用いたサイン検定…とは，t検定相当のベイズファクタ分析がうまくいかなかった場合の対策です。サイン検定（sign test）とは，各個人の事前・事後のタイムを引き算したときにプラス符号が多くなるか，マイナス符号が多くなるかという符号の度数を比べる検定です。この検定を **BF** 値で行った結果が記述されています。この文章を採用するときは「2水準の差の分布に正規形を仮定できないため」と前置きし，下線部**ア**の文を残して下線部**ウ**以降のテキストを続けてください。

▢ レポート例 05-1 ※サイン検定は採用していません

事前・事後の測定タイムについて基本統計量を Table 5-4 に示す。

Table 5-4　トレーニング前後の測定タイムの基本統計量（秒）

	平均	SD	max	min	尖度	歪度
トレーニング前	343.2	37.7	432	291	1.00	0.96
トレーニング後	335.7	36.0	418	290	0.97	0.53

注）N = 15

<u>常用対数に変換後</u>ェ) のタイムについてベイズファクタ分析（有効水準 = 3）を行った結果，**BF** 値は非常に有力であった（**BF** = 187.79, **error** = 0%，両側検定）。したがって，トレーニング前の平均タイムよりもトレーニング後の平均タイムが実質的に短縮されたことが示された。<u>事後分布における効果量 δ のメディアンは 1.244 であり</u>ォ)，その 95%確信区間は 0.576 – 1.948 と推定された。

さらに<u>効果量 δ の範囲についてベイズファクタによる検定</u>ヵ)を行った結果，<u>$|\delta| > 1$ の **BF** 値が有効であり（**BF** = 11.377）</u>ォ)，効果量 δ の大きさは絶対値1以上と想定される。

（以下省略）

　下線部**エ**のように，分析は「常用対数」の値で行ったことを必ず明記します（対数には自然対数もあるので「常用」を付けると正確）。

　結果として，**BF** 値が very strong と評価されて（**BF** > 150），トレーニング前後の平均タイムに実質的な差があることが示されました。実際に Table 5-4 の平均を見ると，7〜8秒もタイムが短縮しています（速くなった）。両側検定なので，このように差があることを確定してから，速くなったか遅くなったかを見てみると速かった…という記述順になります。

　2平均の差の検定はここまでです。ここから以下，真値の推定になります。2平均の差を標準化した効果量 δ の真の値を探索的に推定します。

　下線部**オ**の「事後分布」は効果量 δ の1万回の推定で出来上がった1万個の推定値の"お山"を意味しています。この分布の中央にある推定値（メディアン）が $\delta = 1.244$ です。実はデータから算出した標本の δ は（計算法は次の『統計的概念・手法の解説』参照）*delta* = 1.317 です。推定された真値はそれよりやや低めに出ました。しかし *delta* = 1.317 は標本値（真値の現れの一例）にすぎませんが，シミュレーション推定された $\delta = 1.244$ は δ の真値そのものとして解釈されます。こうした δ の具体的な値は今後の研究の有益な参考情報となります。

　中学校の第1学年はその後の学年よりもずっと"伸び盛り"であることが知られています。この時期に自己の記録の伸びを実体験させる指導が重要になります。どんなトレーニングをすれば 1500 m 走の力がつくかというよりも，それ以上に自己の努力で自分自身が伸びるうれしさ，楽しさ，良さを味わわせることがトレーニングの目的なのです。測定タイムだけではなく，毎年観測される生徒たちの"伸び"を効果量 δ として記録しておくことが，生徒たちの成長を表す実質的で比較可能な指標となります。

※中1の伸び盛りは本当ですがデータは架空のものです。

5.7　統計的概念・手法の解説2

●効果量 δ の範囲検定

　下線部**カ**の「効果量 δ の範囲」の検定は，δ の真値をさらに局限するための分析である。δ の大きさ（絶対値）を $|\delta| > 0.6, 1.0, 1.4$ と仮定し，δ は「その値超である」vs「その値以下である」という競合する仮説を立てて**BF**値で優劣比較する。その結果はR画面に次のように出力される。

```
> Bxt3 # 効果量δ (delta) の範囲の検定
         |δ|>0.6     |δ|>1      |δ|>1.4
BF10     109.480     11.377     1.420
BF01       0.009      0.088     0.704
err(%)        NA         NA        NA
>
```

　上辺の列見出し"$|\delta| > \#.\#$"は対立仮説を表す。たとえば対立仮説 $|\delta| > 0.6$ のとき帰無仮説は $|\delta| \leqq 0.6$ となる。行見出しの"BF10"が対立仮説の優勢，"BF01"が帰無仮説の優勢を表す**BF**値である。表内の**BF**値を見て有効水準をクリアした欄の（なるべく大きい δ を主張している）仮説を採択する（この例では **BF** = 11.377，$|\delta| > 1$ を採択）。そのことがレポートの下線部**キ**に記述されている。確信区間推定では δ の真値は 0.576 ～ 1.948 の範囲とされたが，その範囲内でさらに $\delta = 1.0$ 超と想定するほうが（$\delta = 1.0$ 以下と想定するよりも）11.377 倍も高い確率で今回の $\delta = 1.244$ を予想できるということが判明する。これもまた今後の研究に役立つ情報となる。

　この δ の範囲検定は自動的に実行される。2平均の差が有効以下であった場合も常時出力される。それを見て，検定の結果が有効水準に満たなくても δ の真値の"居所"に当たりをつけることができる。

　また，R画面のオプション［**δ の範囲検定（絶対値入力）**］を使えばユーザーの任意の推定値を検定することができる。オプションの実行手順（p.18参照）が面倒なら，R画面に直接 **ESd(1.2)** と入力すれば，$|\delta| > 1.2$ の検定を実行してくれる。

なお，前ページの出力では err(%) の欄が NA となっているが，これは *BF* 値が極大になるケースが生じたときに *error* が推定不能になったことを示している。その場合，R画面の原出力では *error* = NA% と表示されるが，そのときは *error* の付記は省いてかまわない（p.111 のレポート例では省いている）。実際に *t* 検定相当のベイズファクタ分析では *error* が 1% を超えるケースが生じないことは周知されている。

1要因分散分析デザインの
ベイズファクタ分析

※ BayesFactor の関数 anovaBF, ttestBF 使用

　要因配置に基づくデータは通常，分散分析を行いますが，この章では分散分析と同じモデルを仮定したベイズファクタ分析を行います。本来，分散分析とベイズファクタ分析は原理的に別のものです。したがって正確に言えば，分散分析と同じことがわかるようにしたベイズファクタ分析を行います。

　この章は分散分析1要因デザインを扱います。以下，分散分析の一定程度のノウハウを前提としますので，『〈全自動〉統計』Chapter 8 を一通り読まれることをお勧めします。

演習 6a　　SD 法で創造性を高める

　　新しいアイディアを創出するためには，その前段階としてアイディアの素材となる多様な情報の生成が重要である。そこでさまざまな観点から情報を生み出すための一方策として，創造活動の初期に意味微分法（semantic differential method, 以下 SD 法）を導入することを試みた。SD 法は対象の情緒的意味を「熱い – 冷たい」のような形容詞対で評定する方法である。創造的問題に直面したとき，その問題自体が「熱いか，冷たいか」のように考えることが当の問題への多様な見方や感じ方を刺激する契機になるのではないか。それを検証する。実験方法の概要は以下である。

※意味微分の SD と標準偏差の SD を混同しないよう注意

参加者：大学生 15 人。※演習のため少ない
課　題：レンガの代替用途テスト（alternative uses test）を用いて「レンガのいろいろな使い方を出来る限り多く考えてください」と教示した。
SD 尺度："通常 SD 尺度" と "特殊 SD 尺度" の 2 種類を作成した。通常 SD 尺度はレンガに感じられる通常の性質を含む「固い – やわらかい」「重い – 軽い」など 5 項目，特殊 SD 尺度は通常はレンガに感じられない特殊な性質「騒々しい – 静かだ」「甘い – 辛い」など 5 項目を用いた。参加者に「レンガについて

以下に挙げた左右の性質の当てはまるところに○を付けてください」と教示し，下のような５段階の評定を求めた。

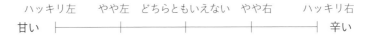

ハッキリ左　　やや左　どちらともいえない　やや右　　ハッキリ右
甘い├──────┼──────┼──────┼──────┤辛い

手続き：通常 SD 群（$n = 5$），特殊 SD 群（$n = 6$），統制群（$n = 4$）の３群を構成した。通常 SD 群は通常 SD 尺度を用いた１分間のレンガ評定のあと，代替用途テストに取り組んだ。同様に特殊 SD 群は特殊 SD 尺度を用いた１分間のレンガ評定のあと，代替用途テストに取り組んだ。統制群は SD 尺度の評定を行わずに代替用途テストに取り組んだ。同テストの制限時間は前者 2 群が 5 分間，統制群が 6 分間であった。

　回答されたアイディアについて独創性（originality）を評価し１～３点を与えた。独創性の得点化は全参加者の全回答数のうち 30％未満にしか見られなかったアイディア（「打ち合わせて楽器にする」「おろし器にする」など）に 3 点，同 60％未満にしか見られなかったアイディア（「積み木にする」「ダンベルにする」など）に 2 点，同 60％以上に見られたアイディア（「家をつくる」「かまどにする」など）に 1 点を与えた。そして参加者ごとに上位 5 回答の得点の平均をその参加者の独創性得点とした。たとえば上位 5 回答の得点が［3, 3, 2, 1, 1］ならば，その参加者の独創性得点＝2.0 となる。これにより Table 6-1 の独創性得点を得た。SD 法による評定活動が独創性の高いアイディアを生み出すかどうか，ベイズファクタ分析によって検証しなさい。

Table 6-1　各参加者の独創性得点

群（A）	参加者（s）	独創性 data
通常 SD 群	1	2.2
	2	2.0
	3	1.4
	4	1.6
	5	1.4
特殊 SD 群	6	2.2
	7	2.6
	8	2.2
	9	2.4
	10	2.2
	11	2.8
統制群	12	1.6
	13	2.0
	14	1.8
	15	1.6

6.1　データ入力・分析

　分析メニューを選ぶためには，データ収集の要因配置（デザイン）を特定しなければなりません。それには**データリストの見出しの読み方を知る**ことが大切です。Table 6-1 の見出しを見て，見出しの記号を左から右へ読んでいくと，群（A），参加者（s）となります。これで，この要因配置は分散分析Asデザインであるとわかります。つまり**【Ａｓ（１要因参加者間）】**というメニューを選べばよいわけです。

●操作手順

❶STAR 画面左の【Ａｓ（１要因参加者間）】をクリック
❷水準数＝3，各水準の参加者数＝5, 6, 4 を入力する
❸データ枠直下の小窓をクリック→大窓にする
❹大窓に『ベイズ演習データ』6a からデータをコピペする
❺大窓の右下にある【代入】をクリック
❻Ｒオプションの［□ベイズファクタ］をチェックする
❼【計算！】→「Ｒプログラム」枠上辺の【コピー】をクリック
❽カーソルをＲ画面に移し【右クリック】→【ペースト】する

6.2　『結果の書き方』

　R画面に次のような『結果の書き方』が出力されます。これを修正します。

> cat(txt) # 結果の書き方
　<u>要因Aの各群の○○得点</u>ア) について基本統計量を Table(tx0) or Fig.
■に示す。
　　ベイズファクタ分析（有効水準 =3）を行った結果（Table(Bxt) 参照），
<u>主効果AのBF値は有効であった（BF=16.488, error=0%）</u>イ)。

　　各群の平均をペアにした多重比較（両側検定）を行った結果（Table(shA)
参照），<u>A1 の平均 1.72 が A2</u>ウ) の平均 2.4 よりも有効程度に小さい<u></u>エ) こと

(BF=8.162)，また A2 の平均 2.4 が A3 の平均 1.75 よりも有効程度に大き
いこと（BF=13.77）が見いだされた。

　事後分布における各群の平均（標準化推定値）の 95％確信区間は
Table(Bxt5) または Fig.（主効果の 95％確信区間）の通りである。

（以下省略）

下線部の修正

ア　**要因 A の各群の○○得点**…を「各群の独創性得点」に置換します。

イ　**主効果 A**…を「群の主効果」に置換し，統計記号 **BF**，**error** を斜字体に
　　します。群の主効果は群の設置がデータに及ぼした影響をいいます。

ウ　**A1** を「通常 SD 群」，**A2** を「特殊 SD 群」，後出の **A3** を「統制群」に
　　置換します。平均の具体的な数値は確認用なのでレポートでは省略可で
　　す。

エ　「**…よりも有効程度に小さい**…」という述語を「大きい」に統一するた
　　め A1・A2 の主語・目的語を逆転させます（レポート例参照）。

以上の修正の結果，次のようなレポートが出来上がります。

◻ レポート例 06-1

　個々の参加者が回答したアイディアの独創性を得点化し，上位 5 回答の得
点を平均してその参加者の独創性得点とした*)。各群の独創性得点について
基本統計量を Table 6-2 に示す。

Table 6-2　各群の独創性得点の平均と標準偏差

	通常 SD 群	特殊 SD 群	統制群
n	5	6	4
平均	1.72	2.40	1.75
SD	0.36	0.25	0.19

ベイズファクタ分析（有効水準 = 3）を行った結果，群の主効果の *BF* 値は有効であった（*BF* = 16.488, *error* = 0%）。

各群の平均をペアにした多重比較（両側検定）を行った結果ヵ），特殊 SD 群の平均が通常 SD 群よりも有効程度に大きいこと（*BF* = 8.162），また統制群よりも有効程度に大きいこと（*BF* = 13.770）が見いだされた。

（以下省略）

結果の読み取り

独創性得点は単純な得点の足し上げではないので，最初に下線部オの説明を加えています。素データ（または一次データ）の加工を行った場合，そうした記述が必要です。

分析はまず主効果の検定を行います。検定の帰無仮説は，各群の平均について「A1 = A2 = A3」を主張します。これに反する対立仮説は「A1 ≠ A2 ≠ A3」を主張します。検定結果の *BF* = 16.488 は，対立仮説のほうが帰無仮説より今回の独創性得点の出方を 16 倍以上も高い確率で予想したことを示しています。R 画面の出力「ベイズファクタ分析」を見てください（下記）。

```
> Bxt # ベイズファクタ分析
      P_prior    P_post      BF     err%
A      0.5      0.94282    16.488    0
null   0.5      0.05718    0.061    NA
>
```

"P_prior"（事前予想確率）の欄の ［0.5 vs 0.5］は主効果 A を主張する対立仮説（A）と帰無仮説（null model）の優劣比が事前予想では同等であることを意味しています。すなわち事前にどんなデータが出現するかはわからないのでスタートラインをそろえた（優劣比をフィフティ・フィフティにした）ということです。

その右の見出し"P_post"（事後予想確率）が，観測後に特定された当該データの予想出現確率です。これは相対比率［0.943 vs 0.057］として表されています（足すと1になる）。この分数比が，BF = 0.943 ／ 0.057 = 16.488 となります。つまり主効果モデルのほうが16倍以上も高い確率で実際のデータを予想したことを示しています。有効水準BF = 3をラクに超えていますので，今回のデータは（主効果モデルを主張した）対立仮説を支持する証拠として有効であると判定されます。

下段のBF = 0.061は，BF = 16.488の逆数です（1 ／ 16.488 = 0.061 = BF_{01}）。これは帰無仮説の優劣を表しますが，両仮説対等のBF = 1をはるかに下回っていますから帰無仮説が劣勢であったことを意味します。もし$BF_{01} \geqq 3$であれば逆に帰無仮説モデルが優勢で支持されていたでしょう。

群の主効果が支持されましたので，次に各2群をペアにして2平均の差を多重比較します（下線部**カ**以下）。多重比較の方法は前章「t検定のベイズファクタ分析」を使います。多重比較の結果，特殊SD群と通常SD群の間に平均の実質的な差があることが示され（2.40 > 1.72, BF = 8.162），また特殊SD群と統制群との間にも平均の実質的な差があることが明らかになりました（2.40 > 1.75, BF = 13.770）。

以上より，創造的問題の材料（レンガ）について特殊SD尺度の評定を先に行うと，レンガの用途についてより独創的なアイディアが生まれることが示唆されました。通常のSD尺度が効果を示さなかったことから，特殊で意外な性質「レンガが甘いか辛いか」のような評定を行うことがキーになるようです。たとえば独創性が高かったアイディア「レンガをおろし器にする」は，おそらくレンガが甘いか辛いかを評定した参加者がレンガをなめてみることを想像し，"ざらざらする""苦い"などを思い浮かべ，ワサビやダイコン（辛い，苦い）を連想しておろし器の代わりにしたらどうかと考えついたのかもしれません。追試では実験後に個別インタビューを導入すべきでしょう。また今後の課題として，通常ではない特殊で意外なSD尺度をどのように準備したらよいかがテーマとなるでしょう。

※例題のデータは架空のものですが結果は実測値に基づいています。

6.3　統計的概念・手法の解説1

●多重比較の早見表の利用

主効果が3水準以上の場合，多重比較の結果が決定的になる。多重比較の結果はR画面の出力「ベイズファクタによる多重比較」に下のように表示される。

```
> shA # ベイズファクタによる多重比較
          H1: δ ≠ 0      δ > 0      δ < 0
A1 << A2     8.162       0.185     16.139
A1 vs. A3    0.512       0.467      0.557
A2 >> A3    13.770      27.348      0.192
>
```

列見出し "H1: $\delta \neq 0$"（デルタ）は対立仮説（H_1）を両方向仮説とした場合であり，**BF** 値は両側検定の **BF** 値となる。差の方向を特定した単方向仮説を対立仮説とした場合は "$\delta > 0$" または "$\delta < 0$" の欄を見る（片側検定の **BF** 値が示される）。両側検定の **BF** 値の2倍が片側検定の **BF** 値の合計に一致する（8.162 × 2 = 0.185 + 16.139）。レポート例では両側検定の **BF** 値を採用している。

行見出しが検定結果（両側検定）の "早見表" を兼ねているので，見出し中の記号 vs, >, >>, >>>, = を以下のように読み取る（A1, A2 で例示する）。

A1 vs A2　　**BF** 値は有効水準に達しなかった。大小は確定しない

A1 > A2　　A1 が A2 より有効程度に大きい（**BF** ≧有効水準 = 3）

A1 >> A2　　A1 が A2 より有力相当に大きい（**BF** > 20）

A1 >>>A2　　A1 が A2 より有力相当以上に非常に大きい（**BF** > 150）

A1 = A2　　A1 と A2 に実質的な差はない。帰無仮説が支持される

　　　　　　※逆の不等号（A1 < A2）は「大きい」を「小さい」に換えて読む

●ベイズファクタ分析の仕組み：分散分析デザイン

1要因配置（参加者間）のデータについて通常の分散分析は次のような説明

モデルを立てる。

独創性得点 ＝ 定数 ＋ 群の効果 ＋ 誤差

定数はデータの総平均である。群の効果は群間の差を表す。誤差は参加者間の個人差を表す。群の効果も誤差もゼロのときすべての独創性得点は一点の定数をとる。群の効果がゼロのとき（群間の差がゼロのとき）独創性得点は誤差だけでバラつく。群間の差がゼロでないとき，それぞれの群に属するデータ同士も差を生じるので，独創性得点のバラつきはその分増大する。その増分が群の効果になる。

そこで分散分析は，群の効果と誤差のどちらが独創性得点を大きくバラつかせるか（独創性得点の分散を大きくさせるか）を比較しようとする。このため独創性得点の全分散を群の効果によるものと誤差によるものとに分け，"群の効果／誤差"という分散の比（F比）を計算する。帰無仮説は「群の効果＝0」を主張するから，もちろん $F = 0$ を主張する。これに反して対立仮説は F 比がゼロでないと主張する（$F \neq 0$）。

観測されたデータの F 比が，帰無仮説の主張（$F = 0$）を大きく上回っていたら（ゼロではない大きな値を示す<u>非常に出現確率の小さい F 比であったら</u>），帰無仮説の主張は観測データに不適当であるとして帰無仮説は棄却される。代わって対立仮説が採択され「群間の差はゼロでない」という結論をとる。ここまでが本来の分散分析の仕組みであり，アンダーライン部が p 値によって判定される（前著『〈全自動〉統計』Chapter 8 参照）。

このように分散分析は同一モデル内で2個の説明項を比べる（群の効果 vs 誤差）。これに対して，ベイズファクタ分析は競合する2つのモデルを立ててモデル間で比較を行う（下式，定数項省略）。

対立仮説のモデル：独創性得点 ＝ 群の効果 ＋ 誤差
帰無仮説のモデル：独創性得点 ＝ 誤差

両モデルの違いは「群の効果」があるか・ないかだけである。したがって，対立仮説のモデル（確率分布）が予想した独創性得点の出現確率（P1）と，

帰無仮説のモデルが予想した独創性得点の出現確率（P0）を比べれば，その大小自体が群の効果そのものを表す。そこで両者の予想出現確率を分子・分母で対比すれば **BF** 値が計算できる。今回，**BF** ＝ P1 ／ P0 ＝ 16.488 であり，対立仮説のモデルが帰無仮説のモデルよりも 16.488 倍も高い予測力を示した。ゆえに対立仮説が支持された。**p** 値ではこのように対立仮説を採択する強さ，または帰無仮説を棄却する強さを示すことはできない（p.25 参照）。

　このように仮説検定を 2 つの仮説間の直接対決として "どちらの予想が当たったか" で決めるという発想はシンプル，かつ明快である。発想の背景には，最も確かな情報は実際に出現したデータであるというベイズ統計学の思想的精神がある（**p** 値は実際には出現していないケースも算入する）。そして実際のデータを最もよく予想したモデルを見つけようする。そのときのモデルは理論的仮説の数だけいくつあってもよいが，帰無仮説と（その単純否定の）対立仮説という 2 モデルに限定した手法がベイズファクタ分析である。

　しかしながら，発想のシンプルさに比して実際に出現したデータの確率分布をいかに推定するかという問題が実は困難を通り越して過去解決不可能であった（解析計算では導出できず近年のコンピュータ・シミュレーションの発展を待つしかなかった…とのこと）。こうした歴史的事情は前章「**t** 検定のベイズファクタ分析」で触れたベイズファクタの開発史と通じる。分散分析流のベイズファクタ分析についてもやはり統計学の専門的な適度の要請（desiderata）に合致する事前設定に苦心があった。その成果が提出されて（Rouder et al., 2012），初めて R パッケージによる **BF** 値の実用にいたっている。ただ本書の領分ではなく前章と同様ここでは **BF** 値のイメージづくりにとどめ，計算法の解説は下記文献にゆずらせていただくほかはない。

※ Rouder, J. N., Morey, R. D., Speckman, P. L., & Province, J. M. (2012). Default Bayes factors for ANOVA designs. *Journal of Mathematical Psychology*, *56*, 356-374.

●平均の 95% 確信区間

　R グラフィックスの出力として次ページのような図が自動的に表示される。
　これは主効果の各群（A1 ～ A3）の真の平均の区間推定を図示したものである（MCMC 法によるシミュレーション推定）。タテ軸がデータ全体の総平均を 0 としたときの各平均の標準化得点であり，描かれたタテ線が各平均の

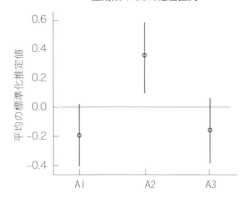

主効果の95%確信区間

（注）タテ線上の○は median を示す

95％確信区間の幅を表す（正確な上限・下限値はR画面の出力「事後分布の95％確信区間」参照）。相互の区間が重なっているか離れているかをチェックし，各群の平均間に差があるかどうかを視覚的に判定することができる。

　ただし，差のあり・なしの2分割的判定になるし，**BF** 値による多重比較の結果と必ずしも一致しないケースがあるので，『結果の書き方』では確信区間推定は参考情報として提示するにとどめている。しかしながら確信区間の視覚的イメージは非常にわかりやすく，発表時のプレゼンテーションには格好である。

●分散分析Ａｓデザインの p 値と BF 値の比較

　同じデータを分析しても分散分析は有意になりやすいが，ベイズファクタ分析は有効になりにくい。どのくらいの違いがあるだろうか。そこで，正規乱数を用いてＡｓデザイン（1要因参加者間）のデータを発生し，分散分析Ａｓとベイズファクタ分析を比較してみた。Table 6-3は両分析の1万回の実行結果である。表内の数値は1万回のうち，$p < 0.05$ になったケースと **BF** $\geqq 3$ になったケースの数をカウントした度数である（100で割れば％になる）。水準数は3群と5群を設定し，1群当たりの人数は **n** = 10, 20, 50 と設定した。

Table 6-3　Ａｓデザインの有意・有効ケース数（1万回中$p < 0.05$, $BF \geqq 3$ の度数）

	3 群比較			5 群比較		
	p	BF_m	BF_w	p	BF_m	BF_w
$n = 10$	**488**	228	208	**464**	200	166
$n = 20$	**522**	194	142	**514**	145	086
$n = 50$	**502**	128	093	**500**	074	039

注）BF_m：*rscale* = 0.5 の BF 値（medium）
　　BF_w：*rscale* = 0.707 の BF 値（wide）

　正規乱数で p 値が有意と判定されたケースは"p"の欄を見ると，$n = 10$ で488ケースであったと読む。シミュレーションの結果，p 値有意のケースは3群・5群比較及び $n = 10, 20, 50$ を通して1万回中464〜522ケースであった。すなわち4.64〜5.22％である（理論的に5％に収束する）。一方，BF 値の有効判定数はそれよりかなり少なく，"BF_m"及び"BF_w"を見ると1万回中1〜2％前後である。実用上，p 値では有意水準を $p < 0.01$ にすれば p 値検定と BF 値検定はだいたい一致するといわれていたが，確かにそんな勘どころである。

　現実的な1群 $n = 10 \sim 20$ で想定すると，100回の検定中，有意な p 値5個のうち3個程度は BF 値では有効水準に達しない。逆に，100回中有効な BF 値が1個も得られなくてもそのとき有意な p 値が3個程度見過ごされている。そんな目安になるだろう。一致させたほうがよいとか，どちらを使ったほうがよいとか，そういう問題ではない。単に，知見の取り出し方が相対的に異なるという問題と考えるべきである。方法の選択は研究目的と分析方針に依存する。それが明確であれば方法に振り回されずにすむ。

　分散分析を使って p 値が有意になっても本当に帰無仮説を棄却してよいかどうかを疑うべきであり，またベイズファクタ分析を使って BF 値が有効水準に達しなくても本当は対立仮説を採択したほうがよいのではないかと疑うべきである。再三再四ながら，統計分析の単純化を補正する最終判断は研究者自身の専門テーマに対する洞察力によるしかない。特に人間・社会事象の生態的妥当性が統計分析においてどのくらい単純化されるのか，p 値と BF 値の機能比較をするうえでこのシミュレーションの結果は参考になるだろう。

6.4 小学校英語指導に必要な技能は何か

　平成 29 年（2017 年）告示の学習指導要領で小学校高学年において英語が必修化されました。当該年度勤務している教員はそもそも大学の教員養成段階で英語教育について十分に学んできていないという現状があります。そこで今後の教員養成課程の編成に資するため教員志望学生が英語教育の技能についてどの程度の自己認知を持っているのか，その実態を調査することにしました。

演習 6b　　**英語指導にどんな技能が必要か**　　※分散分析ｓＡデザインに相当

　小学校教員養成課程の大学生 20 名を対象に英語技能 5 領域※「聞くこと」「読むこと」「話すこと（やり取り）」「話すこと（発表）」「書くこと」について「できると思う」〜「できないと思う」の 5 件法によって自己評定を求めた。その結果，Table 6-4 のようなデータが得られた。5 技能の間で評定得点に差があるかどうかを検定しなさい。

※文部科学省（2016）.「外国語」等における小・中・高等学校を通じた国の指標形式の目標（イメージ）たたき台　https://www.mext.go.jp/b_menu/shingi/chukyo/chukyo3/058/siryo/__icsFiles/afieldfile/2016/09/14/1373448_1.pdf

Table 6-4　英語技能の自己評定（*N* = 20）

参加者	A1	A2	A3	A4	A5
s1	4	3	2	3	2
s2	4	2	2	3	3
s3	4	4	1	2	3
⋮	⋮	⋮	⋮	⋮	⋮
⋮	⋮	⋮	⋮	⋮	⋮
s19	5	4	3	3	4
s20	5	4	4	3	5

注）A1 〜 A5 は次の英語技能を示す：A1 ＝聞くこと，A2 ＝読むこと，A3 ＝話すこと（やり取り），A4 ＝話すこと（発表），A5 ＝書くこと。

　Table 6-4 のデータは『ベイズ演習データ』演習 6b にあります。これをコピーしておきましょう。
　まず，STAR 画面の分析メニューを選ぶため，要因配置のデザインを特定

します。これには Table 6-4 の見出しを記号化して左から右へ読みます。すると，参加者（ｓ），英語 5 技能（A ＝ A1, A2, A3, A4, A5）となり，ｓＡデザインであることがわかります（要因 A は 5 水準から成る）。

　そこで STAR 画面左の【ｓＡ（1 要因参加者内）】を選びます。設定画面で参加者数 ＝ 20, 要因 A の水準数 ＝ 5 を入力し，以下，演習 6a の手順❸以降（p.117 参照）と同様に操作します。［□ベイズファクタ］のチェックを忘れずに。

6.5　『結果の書き方』

　R 画面にベイズファクタによる『結果の書き方』が出力されますが，その前に STAR 画面の「結果」枠内にも分散分析の結果が出力されます。こうしてベイズファクタ分析と分散分析の両方の結果を見比べることが可能です。STAR 画面の速報値によると $F(4, 76) = 12.30, p < 0.01$ で，たいへん有望です。

　ベイズファクタ分析の結果はどうでしょうか。下の『結果の書き方』がその出力です。主分析の BF 値を見ると，やはり非常に有力（very strong）という判定です（BF ＝ 343790 ＞ 150）。次ページの修正要領に従ってレポートを作成してください。

Chapter 6

```
> cat(txt) # 結果の書き方
　要因Aの各水準の〇〇得点ア) について基本統計量をTable(tx0) or Fig.
■に示す。
　　ベイズファクタ分析（有効水準 =3）を行った結果（Table(Bxt) 参照），
主効果AのBF値は非常に有力であった（BF=343790, error=0.36%）。

　　各水準の平均をペアにした多重比較（両側検定）を行った結果（Table(shA)
参照），A1の平均3.7がA3の平均2.3よりもイ) 有力相当に大きいこと
（BF=125.223）、またA1の平均3.7がA4の平均2.5よりも有力相当に大き
いこと（BF=67.143）、A2の平均3.3がA3の平均2.3よりも有力相当以上
に非常に大きいこと（BF=265.198）、A2の平均3.3がA4の平均2.5よりも
```

有力相当に大きいこと (BF=82.77)，A3 の平均 2.3 が A5 の平均 3.2 よりも
有力相当に小さい ぅ) こと (BF=20.741)，A4 の平均 2.5 が A5 の平均 3.2 よ
りも有効程度に小さいこと (BF=7.079) が見いだされた。

　事後分布における各水準の平均（標準化推定値）の 95％確信区間は
Table(Bxt5) または Fig.（主効果の 95％確信区間）の通りである。

　以上の BF 値の計算には R パッケージ BayesFactor (Morey & Rouder,
2021) を使用した。事前分布（Cauchy 分布）の尺度設定を rscale=0.5（多
重比較時 rscale=0.707）としたほかは各種設定はデフォルトに従った。
MCMC 法による推定回数は最大 1 万回とした。
　＞

下線部の修正

ア　要因 A の各水準の○○得点…を「英語技能 5 領域の評定得点」に置換し
　　ます。以下，要因 A の各水準の A1 ～ A5 はそれぞれ「聞くこと」「読
　　むこと」「やり取り」「発表」「書くこと」に置換します。

イ　A1 の平均 3.7 が…のように同じ主語が連続する文章はレポート例のよ
　　うに単文化するとわかりやすくなります。平均 3.7 のような具体的な値
　　は確認用ですので省略します。述語は「実質的に大きい」を一律に用い
　　ます。

ウ　「○が○より小さい…」という記述は，述語を「大きい」に統一するので，
　　主語・目的語を逆転させます。これもレポート例を参照してください。

■ レポート例 06-2

　英語技能 5 領域の各評定得点について基本統計量を Fig. 6-1 に示す。
　ベイズファクタ分析（有効水準＝ 3）を行った結果，主効果の *BF* 値は非
常に有力であった（*BF* = 343790, *error* = 0.36%） ｴ)。

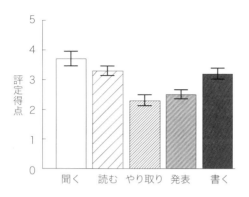

Fig. 6-1　英語技能 5 領域の平均と標準誤差

　各技能の平均をペアにした多重比較（両側検定）を行った_{エ)}結果，「聞くこと」の平均が「やり取り」「発表」の平均よりも実質的に大きく（**BF**s ＝ 125.223, 67.143），また「読むこと」の平均が「やり取り」「発表」の平均よりも実質的に大きく（**BF**s ＝ 265.198, 82.77），さらに「書くこと」の平均が「やり取り」「発表」よりも実質的に大きいこと（**BF**s ＝ 20.741, 7.079）が見いだされた。

　事後分布における各技能の評定得点の平均（標準化推定値）の 95％確信区間は Fig. ○（省略）の通りである。

（以下省略）

結果の読み取り

　ここでは，基本統計量を Fig. 6-1 で平均と**標準誤差**（standard error, **SE**）として提示しています。標準偏差（**SD**）はデータの約 7 割の分布幅を表しますが，標準誤差は統計量（ここでは平均）の約 7 割の分布幅（＝平均±1**SE**）を表します。標準誤差 **SE** は **SD** を $\sqrt{n}$ で割れば求まります（**SE** ＝ **SD**／$\sqrt{n}$）。**SD** はデータの 7 割幅，**SE** は統計量の 7 割幅…と覚えておけばよいでしょう。どちらを提示するかは任意です。

　下線部**エ**の通り，**BF** 値が非常に有力で主効果が支持されました。主効果 5 水準＝ 5 技能の間に評定得点の実質的な差があるということです。そこで，

下線部**オ**から多重比較に移行します。結果はやや複雑ですが，系列的にまとめると評定得点の平均は「聞くこと，話すこと，書くこと」＞「やり取り，発表」という2グループの大小関係に集約されるようです。

　従来の中学校英語の授業の中でもさまざまな「話す」活動が取り入れられてきていますが，「聞くこと」「読むこと」「書くこと」に比べて「話すこと（やり取り，発表）」に対して苦手意識を持つ学生が多いことが示唆されます。その"テコ入れ"を教員養成課程で重点化する必要がありそうです。

　こうした5技能の大小関係は，R画面の出力「主効果の多重比較」の行見出しを使うと"A1 vs A2 ＝ A5 ＞ A4 vs A3"（vs は不確定を表す）と表すことができます。系列的な大小関係の図式がうまくつくれるときはぜひ利用するとよいでしょう。

　また，特に"A2 ＝ A5"のような同等性を主張したいときは（帰無仮説の採択），R画面の出力に表示された **BF** 値（＝ 0.259）を逆数にして採用してください。つまり $BF_{01} = 1 ／ 0.259 = 3.861$ として帰無仮説のほうが有効以上で優勢であることを記述します。「読むこと」と「書くこと」の評定平均が同等であることを知見とすることができます。

6.6　統計的概念・手法の解説2

●参加者内デザインのベイズファクタ分析

　1要因参加者内（sA）デザインのベイズファクタ分析は，下のような帰無仮説・対立仮説の2つのモデルを対比する（定数項省略）。

　　対立仮説：データ ＝ 主効果A ＋ 参加者 s
　　帰無仮説：データ ＝ 参加者 s

　分散分析では参加者 s が発生する誤差を参加者間誤差（個人間の評定のバラつき）と参加者内誤差（個人内の5技能の評定のバラつき）に分けるが，これに対して，ベイズファクタ分析では参加者が生じる誤差を参加者間・参加者内の区別なく丸ごとモデルに組み入れる。わざわざ分けない。上記の2モデルの

違いは主効果Aがあるか・ないかの一点であり，分子・分母にすれば参加者 s は結局約分され消えてなくなる。こうして *BF* 値はストレートに主効果Aの評価値になる。

R画面の出力「ベイズファクタ分析」を見ると（下記），事前予想確率 P_prior は対等とされるが，事後予想確率 P_post は ［1 vs 0］で分母がほとんどゼロになり，*BF* 値は対立仮説の予想が帰無仮説より 34 万 6 千倍も高く的中したことを示している。

```
＞ Bxt # ベイズファクタ分析
     P_prior  P_post     BF  err%
  A      0.5       1 346283  0.48    ※数値は実行のたびに若干変わる
null     0.5       0       0    NA
＞
```

実際の計算は，*BF* = 0.9999971122 ／ 0.0000028878 = 346283 であり，小数点以下が表示されない圧倒的倍率である。なお，参加者内デザインなので，以後の多重比較も参加者内 *t* 検定のベイズファクタ分析を使用している。

分析プログラムによって，比率や平均値のグラフを表示できます。簡易的なものですが，視覚的に結果を確認するのに役立ちます。分散分析 As を例に説明します。Chart.js を利用していますので，インターネットへの接続が必要です。

❶【計算！】をクリックして計算結果を出力します。
❷「タブメニュー」から【グラフ】を選択します。
❸グラフの種類を選択します。
❹【保存】ボタンをクリックします。
→分析プログラム名 _ 番号 .png というファイル名で保存されます。
　（グラフが 2 種類あるので，As_1.png と As_2.png となります）

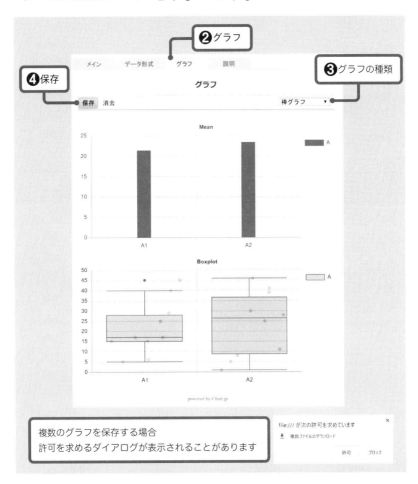

複数のグラフを保存する場合
許可を求めるダイアログが表示されることがあります

7

2要因・3要因分散分析デザインのベイズファクタ分析

※ BayesFactor の関数 anovaBF, ttestBF 使用

この章では，2要因・3要因の分散分析デザインを扱います。2要因以上のデザインでは交互作用が生じます。分散分析は同一モデル内で交互作用項と誤差項を比べますが，ベイズファクタ分析はモデル間比較であり，ここでも交互作用を含むモデルと含まないモデルとを比べます。

演習 7a　協同経験はルール意識を高めるか

　中学校では学校行事として秋になるとよく合唱コンクールが行われる。各学年・クラスの生徒全員が協力して美しいハーモニーを奏でる全校合唱コンクールへと続くのであるが，そこまでの過程で曲の選択や指揮者・伴奏者の選出，練習方法・練習スケジュールなどをめぐってクラス内の不調和がしばしば起こる。しかし，そうした対立や行き違いを乗り越えて迎えるコンクール当日のステージでは全員の視線が指揮棒に集中する。そして成績発表に一喜一憂し，涙を流す生徒もおり，3年間で一番思い出に残った行事として挙げる生徒も多い。合唱の技能や協同活動への適応のほかにも波及的に有益な変化が生徒個々人に生まれるのではないかと考えられる。そこで，合唱コンクールの前後で特に学級内のルール意識が変化するのかどうかを調査してみることにした。

　Table 7-1 はある1クラスの生徒に提示した評定項目であり，Table 7-2 はその評定項目に対する合唱コンクールの1カ月前と発表日翌週の評定結果である。合唱コンクールの前後で評定項目の平均に変化が見られるだろうか。ベイズファクタを用いて分析しなさい。

Table 7-1　ルール意識の評定項目

Q1.（私のクラスは）時間が守られています	【時間順守】
Q2. 整理整頓されています	【整理整頓】
Q3. 返事や挨拶などの言葉遣いが適切です	【言葉遣い】

Table 7-2　合唱コンクール前後の評定結果（N = 10）

生徒（s）	評定時期（A）					
	1カ月前			発表翌週		
	評定項目（B）					
	Q1	Q2	Q3	Q1	Q2	Q3
s1	3	4	2	5	3	1
s2	2	2	2	4	2	3
s3	3	4	3	4	3	2
s4	2	1	2	4	2	2
s5	4	1	3	5	2	2
s6	3	2	3	5	3	2
s7	2	1	2	5	2	2
s8	4	4	3	5	3	2
s9	1	1	2	3	2	2
s10	3	2	3	4	3	2

注）数値は次の5段階評定値を示す：5＝まったくそう思う，4＝だいたいそう思う，3＝いちおうそう思う，2＝あまりそう思わない，1＝ぜんぜんそう思わない。

7.1　データ入力・分析

　まず，分析メニューを選ぶためデータ収集計画（デザイン）を特定する必要があります。そのためには Table 7-2 のように<u>データ入力を"1人1行"で行う</u>ようにします。本例では生徒1人が評定時期2×評定項目3＝6個のデータを与えますから6個で改行しています。これで出来上がったデータリストが Table 7-2 です。

　こうして Table 7-2 の見出しを左から右へ読んでいくと，生徒（s），評定時期（要因A），評定項目（要因B）と読めます。つなげると自然に sAB デザインであることがわかります（評定時期と評定項目を入れ替えても sAB）。つまり分析メニューは【sAB（2要因参加者内）】です。

　『ベイズ演習データ』演習 7a のデータをコピーしておきましょう。その後，STAR 画面左の【sAB（2要因参加者内）】をクリックし，参加者数＝ 10，要

因Aの水準数 = 2，要因Bの水準数 = 3を入力します。以下，前章の演習6aの手順❸からと同様に操作してください（p.117参照，データは7aからコピペ）。

7.2 『結果の書き方』

本例ではR画面でプログラムがいったん終了します。そして下のようなメッセージが表示されます

> ⇒交互作用が有効以上です。
> STAR画面の第二枠『交互作用が有効のときに…』を実行してください。
> （STAR画面の第二枠の【コピー】をクリック→R画面にペーストする。）

これに従って，STAR画面に戻り，第二枠のプログラムをR画面にコピペしてください。交互作用が分析されて，以下の『結果の書き方』が出力されます。

```
> cat(txt)  # 結果の書き方
```

　要因Aと要因Bの各水準の〇〇得点ア）について基本統計量をTable(tx0) or Fig. ■イ）に示す。

　ベイズファクタ分析（対比モデル平均化，有効水準 =3）を行った結果（Table(Bxt)参照），主効果AのBF値が有効でなく（BF=2.373）ウ），主効果BのBF値が非常に有力であった（BF=2783.219）。交互作用のBF値が非常に有力であった（BF=792.354）。

　以上の推定の数値誤差はerrors<2.8%であった。

　そこで，交互作用における単純主効果を想定し，各水準の平均をペアにした多重比較（両側検定）を行った。その結果（Table(AatB)(BatA)参照），単純主効果AはB1水準でA1の平均2.7がA2の平均4.4よりもエ）有力相当以上に非常に小さいオ）こと（BF=1010.526）が見いだされた。B2水準では，Aの2水準間にカ）有効程度の平均の差は見られなかった（BF<0.465）。B3水準では，Aの2水準間に有効程度の平均の差は見られなかった

（BF<1.707）。

　　一方，単純主効果 B は A1 水準で B のどの水準間にも有効程度の平均の差は見られなかった（BFs<0.626）。A2 水準では，B1 の平均 4.4 が B2 の平均 2.5 よりも有力相当以上に非常に大きいこと（BF=1177.116），また B1 の平均 4.4 が B3 の平均 2 よりも有力相当以上に非常に大きいこと（BF=919.228）が見いだされた。

　　事後分布における単純主効果の平均（標準化推定値）の <u>95%確信区間は Table(Bxt6) の通りである</u>※）。

　　以上の BF 値の計算には R パッケージ BayesFactor（Morey & Rouder, 2021）を使用した。事前分布（Cauchy 分布）の尺度設定を rscale=0.5（多重比較時 rscale=0.707）としたほかは各種設定はデフォルトに従った。MCMC 法による推定回数は最大 1 万回とした。
　　>

(下線部の修正)

ア　**要因 A と要因 B の各水準の○○得点**…を「各評定時期（1 カ月前・発表翌週）の各評定項目（Q1 ～ Q3）の評定値」に置換します。別の書き方として要因名と水準数を掛け合わせた「評定時期（1 カ月前・発表翌週）×評定項目（3 項目）の評定値」という表現も適切です。

イ　Table は R 画面の出力「基本統計量」から作成してください。Fig. を掲載するときは R グラフィックの 4 枚中から選んで整形してください。

ウ　**主効果 A**…を「評定時期の主効果」に置換し，統計記号 BF や error を斜字体にします。以下同様。

エ　**単純主効果 A は B1 水準で A1 の平均 2.7 が A2 の平均 4.4 よりも**…を「評定時期の単純主効果は評定項目 Q1 で 1 カ月前の平均が発表翌週の平均よりも」と置換します。平均の数値は確認用なのでカットします（載せてもよいです）。

オ　**非常に小さい**…は全体の述語を「大きい」で統一したいので主語・目的

語を入れ替えます（レポート例参照）。

カ B2 水準では，A の 2 水準間に…を「評定項目 Q2 では，評定時期の 2 水準間に」と具体名に置換します。以下同様。

キ 確信区間の Table (Bxt6) は参考情報として報告します。Table の代わりに Fig. を掲載してもわかりやすくてよいでしょう。

以上の修正後，下のようなレポートが仕上がります。

▢ レポート例 07-1

各評定時期（1 カ月前・発表翌週）の各評定項目（Q1 ～ Q3）の評定値について基本統計量を Table 7-3 に示す。

Table 7-3　各時期の各項目の評定得点（N = 10）

	1 カ月前			発表翌週		
	Q1	Q2	Q3	Q1	Q2	Q3
平均	2.70	2.20	2.50	4.40	2.50	2.00
SD	0.95	1.32	0.53	0.70	0.53	0.47

ベイズファクタ分析（対比モデル平均化，有効水準 = 3）を行った結果，評定時期の主効果の **BF** 値が有効でなく（**BF** = 2.373），評定項目の主効果の **BF** 値が非常に有力であった（**BF** = 2783.219）。評定時期×評定項目の交互作用の **BF** 値が非常に有力であった（**BF** = 792.354）。推定の数値誤差は *error*s < 2.80% であった。

そこで，交互作用における単純主効果を想定し，各水準の平均をペアにした多重比較（両側検定）を行った$_{\gamma)}$。その結果，評定時期の単純主効果は評定項目 Q1 で発表翌週の平均が 1 カ月前の平均よりも有力相当以上に非常に大きいこと（**BF** = 1010.526）が見いだされた。評定項目 Q2 と Q3 においては評定時期の 2 水準間に有効程度の平均の差は見られなかった（**BF**s < 0.465, 1.707）。

一方，評定項目の単純主効果は 1 カ月前でどの評定項目間にも有効程度の

平均の差は見られなかった（**BF**s < 0.626）。しかし発表翌週では，評定項目 Q1 の平均が評定項目 Q2 と Q3 の平均よりも有力相当以上に非常に大きいこと (それぞれ **BF** = 1177.116, **BF** = 919.228) が見いだされた。

　事後分布における単純主効果の平均（標準化推定値）の 95%確信区間は Table(Bxt6)（省略）の通りである。

（以下省略）

結果の読み取り

　2 要因デザインのベイズファクタ分析は以下のように出力されます（ABs, AsB, sAB の 3 デザイン共通）。なお計算はシミュレーション推定を含みますので，実行するたびに数値が変わります。読者の実行結果と合わないと思いますが，ベイズファクタ分析ではそれが常態です。多少の違いはおおらかに受け止めてください。ただし原出力の数値誤差 *error* は気にする必要があります。ソフトによっては20%以上の誤差があってもそのまま **BF** 値を出力するものもあります。STAR 提供の R プログラムではすべての数値誤差を 5%以内に押さえていますから安心して読み取りを進めてください。

```
> Bxt # ベイズファクタ分析 ( 対比モデル平均化 )
        P_with   P_without     inc.BF
  A     0.00126   0.00053       2.373
  B     0.00179   0.00000    2783.219
  AxB   0.99821   0.00126     792.354
>
```

　右端の見出し "inc.BF" は *inclusion BF*（**含みベイズファクタ**）の略です。詳細は後述の『統計的概念・手法の解説』にゆずりますが，たとえば主効果 A の *inc.BF* は主効果 A を説明項として持つモデル（複数）の **BF** 値（複数）を平均した値になります。いままでの **BF** 値とまったく同じ性質のものですから，いままでと変わらずに読み取ってかまいません。以下，**含み BF 値**を

単に **BF** 値と呼びます。

　さてこの 2 要因デザインの読み取り方は「**下から上へ！**」です。真っ先に最下段の交互作用の **BF** 値を見に行きます。**BF** = 792.354 は非常に有力です。したがって交互作用 A × B を採用します。

　交互作用を採用した時点で「下から上へ」の読み取りは，そこでストップします。そこから上の主効果 A・主効果 B は単独では意味をもたなくなるからです。たとえば主効果 B（評定項目）は **BF** = 2783.219 で非常に有力です。確かに全体の平均のバーを見ると（下図），右側の B1 のバー（白色）が高く突出していて他のバーと物凄い落差を生じています。しかし左側の B1 〜 B3 のバーはほとんど水平であり，「主効果 B は効果あり」（主効果 B の 3 水準間に差がある）と左側 3 本のバーで言うことはできません。同様に，主効果 A（評定時期）の **BF** 値は有効水準に達しませんでしたが（**BF** = 2.373），図の白色のバーは 1 カ月前の A1 から発表翌週の A2 へかけて急激に上昇しており，**BF** = 2.373 を信用すると誤ります。

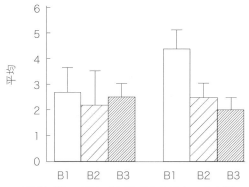

A×B の平均と SD（不偏分散の平方根）

B1（左端）〜 B3 in A1（左端から 3 本で 1 水準）〜 A2

　このように<u>交互作用が有効以上のときは主効果の一律の解釈ができなくなる</u>のです。それゆえ主効果の **BF** 値はもはや取り上げることをせず（下から上への読み取り中止），その代わりに交互作用を分析するため，もう 1 本プログラムを実行します。その操作が STAR 画面の第二枠を R 画面にコピペ

することです。これで下のような出力が得られます。

```
> AatB # 単純主効果 A at_B の分析
              H1: δ ≠ 0      δ > 0      δ < 0
A1 <<<A2 at_B1  1010.526     0.023   2021.028
A1 vs. A2 at_B2    0.465     0.177      0.753
A1 vs. A2 at_B3    1.707     3.289      0.124
>
> BatA # 単純主効果 B at_A の分析
              H1: δ ≠ 0      δ > 0      δ < 0
B1 vs. B2 at_A1    0.626     1.097      0.156
B1 vs. B3 at_A1    0.465     0.753      0.177
B2 vs. B3 at_A1    0.393     0.197      0.589
                     NA        NA         NA
B1 >>>B2 at_A2  1177.116  2354.210      0.023
B1 >>>B3 at_A2   919.228  1838.432      0.024
B2 vs. B3 at_A2    1.089     2.044      0.134
>
```

　タイトルにある"単純主効果 **A at_B1**"とは，要因A（評定時期）の効果を評定項目B1（時間順守）に限定した（at_B1）ということを表しています。そのように一方の主効果を他方の単一水準に限定するとき，その小分けにした主効果を**単純主効果**（simple main effect）といいます。つまり，A at_B1 は1カ月前から発表翌週にかけての差を時間厳守の項目に限定した（at_B1）ということです。これは時間厳守の平均 2.70 → 4.40 という差を意味しています。そしてこれを検定した結果が **BF** = 1010.526 となります。

　同様に，要因を入れ替えた"単純主効果 **B at_A1**"とは，要因B（評定項目）の効果を評定時期A1（1カ月前）に限定した（at_A1）ということです。ただし要因Bは3項目間の差ですから，B at_A1 の検定は総当たりで3回の多重比較となります。

　コトバを理解するより事実を見るほうが早いですので，次ページの図解を

見てください。そして，どの単純主効果の検定結果がどの平均間を検定したものなのかを結びつけてみてください。この結びつけができるようになれば，交互作用の分析は修得完了です。

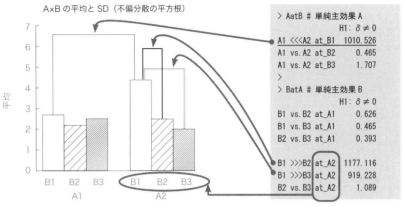

B1（左端）〜 B3 in A1（左端から 3 本で 1 水準）〜 A2

　図に示したように，検定には両側検定（**H1:δ ≠ 0**の欄）の **BF** 値を用います。
　前述のように［A1 <<<A2 at_B1］は A1（1 カ月前）よりも A2（発表翌週）の平均のほうが at_B1（時間順守 Q1）で大きかったことを意味しています（**BF** = 1010.526）。同様に［B1 >>>B2 at_A2］及び［B1 >>>B3 at_A2］は，評定項目 B1（時間順守 Q1）の平均が B2・B3（整理整頓 Q2・言葉遣い Q3）よりも at_A2（発表翌週）で大きくなったことを示しています（**BF**s = 1177.116, 919.228）。レポート例の下線部**ク**以降の記述がこの読み取りに対応します。

　以上の結果から，合唱コンクール前後で時間を守ろうとする意識が高まったことが示唆されます。本番さながらに実際のピアノやステージを利用した事前練習は全校のクラスで練習日時が組まれるために自分たちのクラスの練習時間が限られており，そのことがクラス内で時間を守るという意識を高めたのではないかと考えられます。
　また，両側検定では有効水準に達しませんでしたが，参考までに片側検定

の結果を見ると，[A1 vs A2 at_B3]の"$\delta > 0$"の欄の **BF** 値が有効であり（**BF** = 3.289)，コンクール前後で評定項目 Q3（言葉遣い）の評定平均がやや悪化したようです（前ページの図の B3 の棒グラフが左から右へやや低くなっている）。クラスの入賞を意識するあまり，うまくいかないことをお互いにぶつけ合い，相手に対する言葉遣いが少し乱暴になってしまったことがあったのかもしれません。

　この合唱コンクールの例のように，学校ではさまざまな学校行事が行われていますが，その効果を客観的に測ることはなかなか行われていないのではないでしょうか。簡単なアンケートを実施することで学級内の実質的な変化を捉えることができ，次の改善につなげることができるでしょう。

※データは架空のものです。

7.3　統計的概念・手法の解説1

● *Inclusion BF*：BF 値のモデル平均化

　2 要因デザインの説明モデルは "データ ＝ A ＋ B ＋ A × B ＋ 誤差" となる（定数項省略）。通常の分散分析はこの単一モデル内で説明項と誤差項とを比較する。これに対してベイズファクタ分析はモデル間比較であり，設定可能なすべてのモデルを設定して比較する。2 要因デザインで設定可能なすべてのモデルは次の 5 つである。

> データ ＝ A ＋ 誤差
> データ ＝ B ＋ 誤差
> データ ＝ A ＋ B ＋ 誤差
> データ ＝ A ＋ B ＋ A × B ＋ 誤差
> データ ＝ 誤差

　最下段の「データ＝誤差」は，主効果・交互作用をゼロ（効果なし）と仮定した null モデル（帰無仮説モデル）である。この null モデルによるデータの予想出現確率を分母として，その上の 4 モデルの予想出現確率を対比する。つ

まり *BF* 値は 4 個求まる。R 画面で **Bxt9** と入力すると，その 4 個の *BF* 値が
下のように表示される（R 表記の **A:B** は交互作用 A × B を表す）。

```
Bayes factor analysis
--------------        （BF値） （error）
[1] A + s            : 1.2309  ± 2.52%
[2] B + s            : 1840.5  ± 0.67%
[3] A + B + s        : 4368.5  ± 1.06%
[4] A + B + A:B + s  : 3461409 ± 2.79%


Against denominator:
  data ~ s
---
```

　これがベイズファクタの原出力である。数値はシミュレーション推定のため
実行ごとに変動する。もし *error* が ± 10%を超えたら再計算を勧める（他のソ
フトでシミュレーション次第で 20%超になることもあるので注意！）。

　最下段の **data ~ s** が null モデル「データ＝誤差」を表す（R 表記のティル
ダ ~ は等号を表す）。上段のモデル［1］［2］がそれぞれ主効果 A, B を表す。
交互作用 A × B は［4］式の中に R 表記 **A:B** として含まれている。このモデル［4］
はいわゆる**フルモデル**（全項モデル）である。

　BF 値はフルモデルの説明力が最も大きいことを示している（*BF* = 3461409）。
しかしそれは交互作用単独の説明力ではない。実は "data = A × B" のよう
な交互作用単独のモデルが立てられればよいのであるが，こうした線形モデル
同士の比較では他と比較可能にならない。**周辺性原理**（marginality principle）
により交互作用を構成する主効果を含まない線形モデルは成立しない。そこで
交互作用単独の効果を求めるには別途，フルモデルから次のように間接的に計
算する必要がある。

$$\text{交互作用の } BF \text{ 値} = \frac{A + B + A \times B + s}{A + B + s} = \frac{3461409}{4368.5} = 792.36$$

分子・分母のモデルは“A×B”があるか否かの違いであることに注目してほしい。分子・分母の**BF**値（3461409, 4368.5）はともにnullモデル（data＝s）を分母として求められているので推移律が成り立ち，**BF**＝792.36はnullモデルに対比した交互作用“A×B”単独の**BF**値として解釈できる。このようにベイズファクタ分析の原出力を主効果・交互作用単位で実は計算し直している。

　もちろん主効果A・Bの**BF**値も再計算されている。主効果の再計算は平均化といわれる方法をとる。ベイズファクタの分析表を下に再掲し，主効果の**BF**値の再計算について解説する。

```
> Bxt # ベイズファクタ分析（対比モデル平均化）
        P_with    P_without      inc.BF
A      0.00126     0.00053        2.373
B      0.00179     0.00000     2783.219
AxB    0.99821     0.00126      792.354
>
```

　上辺の見出し“P_with”は後ろに説明項を付けて，たとえば“P_with A”として「主効果Aを持つモデルの確率」と読む。つまり主効果Aを説明項に持っているモデルが予想するデータ出現確率のことである。具体的にはP_with A＝0.00126は主効果Aを持っているモデル［1］（A＋s）と［3］（A＋B＋s）によるデータの予想出現確率の合計になる（全モデルによる予想出現確率の総計を1としたときの相対比率として表される）。

　これに対して，見出し“P_without”は“P_without A”（主効果Aを持たないモデルの確率）と読み，主効果Aを持っていないモデル［2］（B＋s）とnullモデル（data˜s）による予想出現確率の合計である（P_without A＝0.00053）。

　この“P_with A”と“P_without A”の対比として主効果Aの**BF**値が求められる（**BF**＝0.00126／0.00053＝2.373）。これまでの**BF**値は2個のモデルの対比であったが，ここでは2群のモデルの対比となる。この2群の対比を分数の形で表してみる。

主効果Aを持つモデル群（with A）	:(**A** + s)	(**A** + B + s)	
主効果Aを持たないモデル群（without A）	:(s)	(B + s)	

　分子・分母のモデルの違いに注目してほしい。違いは"**A**"を持つか・持たないかの一点だけである。これで純粋に主効果Aだけの効果分を合計し平均化して取り出すことができる（前ページの出力の inc.BF_A = 2.373）。すなわち主効果Aを持つほうが，持たないよりも 2.373 倍データ予測力が高い。これが主効果Aの単独効果である（有効な強さ $BF \geqq 3$ とまではいえないが）。

　こうして複数のモデルにおいて平均化された BF 値を，主効果A含みのベイズファクタ（inclusion Bayes factor）と呼ぶ。また，上の式のように主効果Aの効果だけを取り出せるように1対1でモデルを対比させて平均化することを**対比モデル平均化**（averaging across only matched models）という。

　同様に，主効果Bの BF 値も対比モデル平均化によって再計算されている（BF = 2783.219）。こちらは非常に有力な BF 値を示し圧倒的である。ただし交互作用が有効以上であった場合，この膨大な主効果 BF_B = 2783.219 を信じて一般化すると誤った解釈になることは前述した通りである（p.139 参照）。

●全体モデル平均化

　複数モデルの含み BF 値を平均化する別の方法として全体モデル平均化があるが，分散分析デザインのデータには通常適用しない（それゆえ本節は読み飛ばし可）。一応解説すると，**全体モデル平均化**（averaging across all models）は（主効果Aの例でいうと）主効果Aを持つモデル群とそれ以外の持たないモデル群とを対比する。

　前述した主効果Aの含み BF 値の計算では，主効果Aを持っていても交互作用モデル（**A** + B + A × B）は計算に入れなかった。もしこれに対比可能な"B + A × B"というモデルが存在したならば計算に入れていた。主効果Aの単独効果を取り出せる1対1対比が可能になるからである。しかし"B + A × B"は存在しない，というよりも周辺性原理で成立しない。

　全体モデル平均化は，それにもかかわらず交互作用モデルも主効果Aのモデル群に入れる（モデル数が3個に増える）。要するにすべてのモデルを，主効果Aを持つ・持たないで分けてしまう。このため BF 値の計算は1対1の対比

にならず，主効果Aを持つモデル群の3個 vs 持たないモデル群の2個の対比となる。この結果は一応R画面に次のように出力するが，『結果の書き方』には採用していない。

```
> Bxt3 # 参考：全体モデル平均化の inc.BF 値
      prior_with      post_with       inc.BF
A          0.6          0.99947        1254.7
B          0.6          1.00000      1036248.4
AxB        0.2          0.99821        2229.1
> # prior_with：含みモデルの事前確率
> # post_with ：含みモデルの事後確率
>
```

　上の出力では **BF** 値がどれも数千〜数十万と極大になっているが，分子のモデル数が増えているから当然そうなる。それが何を意味するのか，全体モデル平均化の **BF** 値の解釈の難しさが指摘されている（https://www.cogsci.nl/blog/interpreting-bayesian-repeated-measures-in-jasp）。おそらく，どんなモデルになってもよいから，とにかく主効果Aを入れたほうがよいかどうかを知りたいというときの情報にはなるだろう。しかし主効果・交互作用というそれぞれの説明項単位の影響を知りたいという分析には不適当である。

7.4　アイディア・プロダクション法

　アイディア生産（idea production）の方法として実用化された方法の一つにブレイン・ストーミング（brain storming）があります。これは集団の話し合いです。しかしながら，自分の意見や考えを人前で躊躇なく言い出すことに慣れていない人たちには苦手かもしれません。特に評価懸念（自分が他者からどう評価されるかについての気がかり）が強い日本人にとっては，ブレインストーミングよりも Paulus & Yang（2000）の "ブレイン・ライティング（brain writing)" が適するのではないかと考えられます。これは自分の思いついたアイディアを紙に書いて集団のメンバー間で回すという方法です。Paulus & Yang（2000）は他者のアイディアを明確に知覚させるために「紙に書く」方法を思いついたのですが，ここではスピーチの苦手な討論参加者の創造活動を促進するために紙に書いて回覧する方法を導入してみましょう。

演習 7b　アイディアの発想に"書き送り法"を用いる　※ ABs デザイン対応

　研究参加者 10 人を"話し合い法"と"書き送り法"のグループに 5 人ずつ分け，料理用まな板の使いみちについてアイディアを考え出してもらうことにした。その際，なるべく独創的な（他者が思いつかないような）アイディアを創造するよう教示した（現実化できないものでもよいがハラスメントや犯罪につながるものはダメ）。話し合い法はいわゆるブレインストーミングであり，10 分間行った。各参加者の発言したアイディアは研究者が記録した。

　一方，書き送り法はいわば声に出さない討論であり，各個人がアイディアを用紙に書いてそれを参加者間で回覧した。各参加者に 1 枚ずつ用紙（30 行程度の横罫入り）を配布し，各自はそこにアイディアを書き，その用紙を 1 セット 60 秒で右の人に送る（書き送り）。これを 10 セット，計 10 分間繰り返した。2 セットめからは，各参加者の目の前に他のメンバーのアイディアが書かれた用紙が送られてくるので，それを見ながらその下の行に自分のアイディアを書いて，60 秒経過時点で右の人に送ることになる。その際，各参加者には色違いのボールペンが渡されていて自他のアイディアが区別できるようにした。もし 60 秒間に何も思いつかなかったり，送られてきた用紙に書かれたアイディアと同じことを考えていたりした場合は何も書かないか，または「上と同じ」と書いて右の人へ送ってよいことにした。

　こうした話し合い法・書き送り法による集団セッションのあと，両集団の全参加者は散開して個別に机に座り，新しい用紙にさらに独創的なアイディアを考え出して書くことを依頼された（個別セッション 10 分間）。

　最後に全員の参加者に「スピーチは苦手ですか」とスピーチ適性について質問し，苦手と答えた参加者を「スピーチ苦手群」，苦手ではないと答えた参加者を「スピーチ得意群」とした。

　データ（従属変数）は独創性得点であり，全アイディア中の当該アイディアの回答率をもとに得点化した（p.116 参照）。各参加者の独創性得点は Table 7-4 のようになった。このデータについてベイズファクタ分析を実行しなさい。

Table 7-4　討論法とスピーチ適性による独創性得点

討論法 （A）	スピーチ適性 （B）	参加者 （s）	セッション（C） 集団	 個別
話し合い法	苦手群	s01	1	3
		s02	1	6
		:	:	:
	得意群	s09	6	5
		s10	5	9
		:	:	:
書き送り法	苦手群	s14	6	9
		s15	9	8
		:	:	:
	得意群	s21	5	8
		s22	3	9
		:	:	:

※書き送り法の全手続きは Paulus & Yang（2000）のアイディアである（Paulus, P. B., & Yang, H. -C. (2000). Idea generation in groups: A basis for creativity in organizations. *Organizational Behavior and Human Decision Processes*, 82, 76-87.）。ただし「話し合い法」「書き送り法」は彼らの呼称ではなく本書において解説上わかりやすく命名したものである。

　本例のデータは 3 要因配置になります。3 要因デザインは 4 種類ありますから，どれを適用すべきか特定する必要があります。それには Table 7-4 の見出しを（記号に換えて）左から右へ読むことです。すると，ＡＢｓＣデザインであることが自然にわかります。これで分析メニューを選ぶことができます。このようにデザインを識別するためには"1 人 1 行の鉄則"でデータを入力しておくことです（本書 p.134,『〈全自動〉統計』p.120 参照）。

　以下，データ入力を行ってＲプログラムを実行しますが，結果として交互作用を検出します。そこでさらにもう 1 回，Ｒプログラムを実行することになります。全体を通して操作します。データは『ベイズ演習データ』演習 7b においてコピーしてください。

●操作手順

❶ STAR 画面左の【ABsC（3要因混合計画）】をクリック

→ AsBC と間違わないようにしてください。

❷ ［要因A水準数：2］［要因B水準数：2］を確認する

→初期値のままでＯＫです。要因A（討論法）は話し合い法・書き送り法
の2水準，要因B（スピーチ適性）は苦手群・得意群の2水準です。

❸ 討論法（2）×スピーチ適性（2）の4群の各人数を入力する

→ここでは以下のように入力します。

［A1 B1 参加者数：8］# 話し合い法のスピーチ苦手群

［A1 B2 参加者数：5］#　　　同　　　スピーチ得意群

［A2 B1 参加者数：7］# 書き送り法のスピーチ苦手群

［A2 B2 参加者数：7］#　　　同　　　スピーチ得意群

❹【代入】ボタンの下枠内にデータを貼り付けて【代入】をクリック

→もし数値を直すときは枠内で修正してください。

❺ ［□ベイズファクタ］をチェックする

❻【計算！】をクリック

→［第一枠］～［第三枠］にRプログラムが出力されます。第二枠・第三
枠はR画面に指示が出たら使うようにします。

❼ ［第一枠］上辺の【コピー】をクリック

→第一枠のRプログラムを保有している状態になります。

❽ カーソルをR画面に移し【右クリック】→【ペースト】を選択する

→分析が始まります。終了時に次のようなメッセージが表示されます。

> ⇒一次の交互作用が有効以上です。
>
> STAR画面の第二枠『一次の交互作用が有効のときに…』を実行してくだ
> さい。
>
> （STAR画面の第二枠の【コピー】をクリック→R画面にペーストする。）

❾ この通りにSTAR画面に戻り ［第二枠］上辺の【コピー】をクリック

→再びR画面にペーストすれば，一次の交互作用の分析が行われます。

　最終的にR画面に出力された『結果の書き方』を文書ファイルにコピぺし，
修正にとりかかります。

7.5 『結果の書き方』 3要因デザイン

　下記はR画面の出力のままです。これまでの要領で語句の置換，統計記号の
整形などを行ってください。ここでは第2段落「ベイズファクタ分析…」以降
の文章の短縮の仕方について解説します。

```
> cat(txt) # 結果の書き方
```
　要因A×要因B×要因Cの各群・各水準の〇〇得点について基本統計量
をTable(tx0) or Fig. ■に示す。
　ベイズファクタ分析（対比モデル平均化，有効水準 =3）を行った結果
(Table(Bxt) 参照)，<u>主効果AのBF値が</u>ア) 有効でなく（BF=1.01），主効果
BのBF値が有効でなく（BF=0.361），主効果CのBF値が非常に有力であっ
た（BF=418.129）。一次の交互作用についてはAxBのBF値が有力であり
(BF=75.031)，AxCのBF値が有効でなく（BF=0.511），BxCのBF値が有効
でなかった（BF=0.393）。二次の交互作用AxBxCのBF値は有効でなかった
(BF=0.811)。
　<u>以上の推定の数値誤差</u>ィ) はerrors<4.68%であった。

　<u>主効果Cを支持するエビデンスが示されたことから</u>ゥ)，C1の平均4.481
がC2の平均6.444よりも実質的に小さいことが見いだされた。

　次に，一次の交互作用を支持するエビデンスが示されたことから単純主
効果を想定し，交互作用の各水準の平均をペアにした多重比較（両側検定）
を行った。その結果，Fig.(交互作用AxB)に示した交互作用AxBにおいて
(Table(AxB)(AatB)(BatA) 参照)，単純主効果AはB1水準でA1の平均4が
A2の平均7.071よりも有力相当に小さいこと（BF=79.717）が見いだされ
た。B2水準では, A1, A2の平均6.3, 4.929に有効程度の差は見られなかっ
た（BF=1.021）。
　一方，単純主効果BはA1水準でB1の平均4がB2の平均6.3よりも有
効程度に小さいこと（BF=6.252）が見いだされた。A2水準では, B1の平
均7.071がB2の平均4.929よりも有効程度に大きいこと（BF=4.928）が

見いだされた。

（以下省略）

> **下線部の修正**

ア **主効果 A の BF 値が**…から始まる段落では，すべての主効果・交互作用
の有効性について長々と出力されますが，これは確認用です。そのまま
でもよいかもしれませんが，科学レポートとしては選択的に短縮するこ
とを推奨します。

　　短縮の仕方は 2 通りあり，一つには<u>有効以上であったものだけを記述
し，あとはカット</u>します。もう一つには，テキストを入れ替えることに
なりますが，次のいずれかの 1 文にまとめます。

①すべての主効果・交互作用の *BF* 値が有効でなかった（***BF***s ＜ ###）。

②二次の交互作用の *BF* 値が有効であった（***BF*** = ###）。

③二次の交互作用の *BF* 値が有効でなく（***BF*** = ###），一次の交互作用
○×○の *BF* 値が有効であった（***BF*** = ###）。　※有効な一次の交互作用
が複数の場合あり

④二次の交互作用の *BF* 値が有効でなく（***BF*** = ###），一次の交互作用
○×○の *BF* 値が有効であり（***BF*** = #.###），また主効果○の *BF* 値が
有効であった（***BF*** = ###）。

⑤二次の交互作用とすべての一次の交互作用の *BF* 値が有効でなく（***BF***s ＜
###），主効果○が有効であった（***BF*** = ###）。　※複数有効の場合あり

イ **推定の数値誤差**…は必ず記述します。前述した通り STAR 提供の R プ
ログラムはすべて *error*s ＜ 5.0％になるまで自動的に反復推定するよう
設定されていますが，もっと下げたいというときは STAR 画面の「R
プログラム」枠内の次の部分を探し，Gosa の数値を書き換えてくださ
い（実行時間は倍以上になる）。

```
# Gosa=1 # 1% 以下．誤差
# Gosa=3 # 3% 以下
  Gosa=5 # 5% 以下　　←3.0% 以下にしたいなら Gosa=3 と書き換える
```

ウ　主効果Cを支持する…の記述部分は上述した短縮の仕方④のケースです。出力のまま利用してOKです。分析全体の流れはコンピュータが自動的に判断して進めますので、それを読み取ってから最初のテキストをどう短縮するかを決めてもよいでしょう。以下のレポートは短縮例④の1文を使って原出力をまとめた例です。

▌ レポート例 07-2

討論法×スピーチ適性×セッション別の独創性得点の平均と標準偏差をFig. 7-1 に示す。

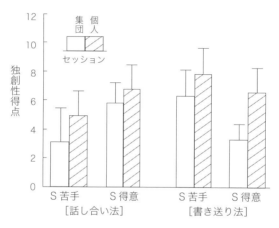

**Fig. 7-1　討論法とスピーチ適性（S）の各群の
セッション別の独創性得点の平均と *SD***

ベイズファクタ分析（対比モデル平均化、有効水準＝ 3）を行った結果、二次の交互作用の ***BF*** 値は有効でなく（***BF*** = 0.811）、一次の交互作用の討論法×スピーチ適性の ***BF*** 値が有力であり（***BF*** = 75.031）、また集団・個別セッションの主効果の ***BF*** 値が非常に有力であった（***BF*** = 418.129）。以上の推定の数値誤差は *error*s < 4.68% であった。

<u>セッションの主効果を支持するエビデンスが示された</u>エ) ことから、集団セッ

ションの独創性得点の平均よりも個別セッションの同平均が実質的に大きいことが見いだされた。

　次に，討論法×スピーチ適性の交互作用を支持するエビデンスが示されたことから単純主効果を想定し，交互作用の各水準の平均をペアにした多重比較（両側検定）を行った$_{オ)}$。その結果，Fig. 7-2 において，討論法の単純主効果は，スピーチ苦手群で話し合い法の平均が書き送り法の平均よりも有力相当に小さいこと（*BF* = 79.717）が見いだされた。これに対してスピーチ得意群では，話し合い法・書き送り法の平均間に有効程度の差は見られなかった（*BF* = 1.021）。

　一方，スピーチ適性の単純主効果は，話し合い法でスピーチ苦手群の平均がスピーチ得意群の平均よりも有効程度に小さいこと（*BF* = 6.252）が見いだされ，書き送り法でスピーチ苦手群の平均がスピーチ得意群の平均よりも有効程度に大きいこと（*BF* = 4.928）が見いだされた。

（以下省略）

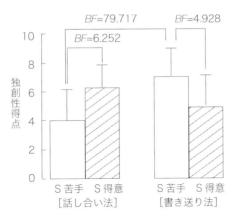

Fig. 7-2　討論法とスピーチ適性（S）の交互作用における平均のプロフィール

結果の読み取り

　3 要因デザインの結果の読み取り方は，2 要因デザインと同じく「下から上へ！」です。R 画面の出力を次ページに示します。これはいわゆる分散分析表（ANOVA table）に相当する**ベイズファクタ分析表**です。この最下段

から読み取りを始めます。

```
> Bxt # ベイズファクタ分析（対比モデル平均化）
        P_with   P_without    inc.BF
A       0.02255   0.02232      1.010
B       0.01352   0.03741      0.361
C       0.45876   0.00110    418.129
AxB     0.87315   0.01164     75.031
AxC     0.30640   0.59994      0.511
BxC     0.25129   0.64002      0.393
AxBxC   0.07041   0.08682      0.811
>
```

　まず, 二次の交互作用 A×B×C は有効でありません（*BF* = 0.811）。したがってその上にある一次の交互作用（3つ）を見ることができます。もし二次の交互作用が有効以上であったら（*BF* ≧ 3）, そこでストップ, もう上へは行きません（短縮例①になる）。本例は上へ読み取りを進めることができます。

　それで次に一次の交互作用を見ると, A×B が有効です（*BF* = 75.031）。すると, その上の主効果 A・B を見に行くことは, もはやできません。しかしながら要因 C を含む交互作用 A×C, B×C が有効でなかったので（*BF*s = 0.511, 0.393）, 主効果 C は生きています。*BF* 値を見ると, 主効果 C は非常に有力です（*BF* = 418.129）。

　かくして, 交互作用 A（討論法）× B（スピーチ適性）と主効果 C（セッション）を取り上げることが決まりました。レポート例ではセッションの主効果を先に記述し（下線部エ）, その次に下線部オから交互作用の分析に移ります。この記述の順序は逆に入れ替えてもかまいません（独立した結果として述べることができる）。

　交互作用が検出された場合, その交互作用を表す平均の図を提示することが基本です。R グラフィックから作成した Fig. 7-2 がそれです。A×B の交互作用ですので, 要因 C の 2 水準が "つぶされて"（合算されて）新たに平均を計算し直したバーが描かれます。この Fig. 7-2 のバーの高低差がいわゆる単純主

効果に相当します。単純主効果検定の **BF** 値は下の出力から引用されます。

```
> AatB # 単純主効果 A at_B の分析
                  H1: δ ≠ 0      δ > 0      δ < 0
A1 << A2 at_B1     79.717       0.091      159.34
                      NA          NA          NA
A1 vs. A2 at_B2     1.021       1.872       0.17
>
> BatA # 単純主効果 B at_A の分析
                  H1: δ ≠ 0      δ > 0      δ < 0
B1 <  B2 at_A1      6.252       0.122      12.383
                      NA          NA          NA
B1 >  B2 at_A2      4.928       9.738      0.118
>
```

　検定は両側検定を行いますから，上辺の列見出し "H1: δ ≠ 0" の **BF** 値を使います。どのバーとどのバーの差が，どの **BF** 値で検定されたかを Fig. 7-2 で対応させてください。

　上掲出力の "A1 << A2 at_B1" は話し合い法（A1）が書き送り法（A2）よりもスピーチ苦手群においては（at_B1），かなり得点が低いことを意味しています（**BF** = 79.717）。話し合い法はスピーチの苦手な人たちにとって思考の集中を欠く不安が感じられるのかもしれません。逆にいえば，書き送り法ならばスピーチ苦手群の人たちは持ち前の創造力を自由に開放できるということです。この知見は出力中の ［B1 < B2 at_A1］（スピーチ苦手群は話し合い法で得点が低い，**BF** = 6.252）及び ［B1 > B2 at_A2］（スピーチ苦手群は書き送り法で得点が高い，**BF** = 4.928）に表れています。

　こうした討論法と参加者のスピーチ適性との交互作用は，**適性処遇交互作用**（aptitude-treatment interaction）として知られているものです。創造性開発には主体的活動，集団参加，及び活発な対話が勧められる反面，それとは真逆の「動かないこと」「話さないこと」「一人であること」が創造性の本質であるとする見解もあります（Arieti, S. など）。両極に向けて個々人の多様化と最適

化を図る能力開発が現実的であると考えられます。

　交互作用とは独立の知見として，先述した通りセッションの主効果が大きな**BF**値を獲得しました（**BF** = 418.129）。これは討論法とスピーチ適性にかかわらず集団場面よりも個別場面のほうが独創性の高いアイディアが多く生まれることを示しています（オプションの主効果の平均 4.481 → 6.444）。Paulus & Yang(2000) が個別セッションを設けたのは結果指標（従属変数）の測定のためなのですが（集団時の測定は統制不十分なので採集しなかった），彼らの意図とは別に，Vygotsky, L. S.（ヴィゴツキー）の発達理論のテーゼ "個人間機能から個人内機能へ" という発達過程を実験的に構成しているように思われ，大変興味深いデザインです。　　※以上の知見はデータと同様にすべて架空のものです。

7.6　統計的概念・手法の解説 2

● 3 要因デザインの *BF* 値の平均化

　3 要因デザインのベイズファクタ分析の原出力は，R 画面で **Bxt9** と入力すると下のように表示される（R 表記 **A:B** は A × B を表す）。シミュレーション推定により数値は変動する。

```
> Bxt9
Bayes factor analysis

---------------                    (BF 値) (error)
[1] A + s                     : 0.83164 ± 1.23%
[2] B + s                     : 0.33509 ± 1.51%
[3] A + B + s                 : 0.26204 ± 1.47%
[4] A + B + A:B + s           : 6.6056  ± 2.35%
[5] C + s                     : 121.96  ± 1.02%
[6] A + C + s                 : 120.6   ± 1.81%
[7] B + C + s                 : 42.855  ± 1.78%
[8] A + B + C + s             : 45.58   ± 3.07%
```

```
[9]  A + B + A:B + C + s                          : 3446.5  ± 4.35%
[10] A + C + A:C + s                              : 63.664  ± 2.05%
[11] A + B + C + A:C + s                          : 22.267  ± 2.69%
[12] A + B + A:B + C + A:C + s                    : 1712.8  ± 3.33%
[13] B + C + B:C + s                              : 17.666  ± 2.27%
[14] A + B + C + B:C + s                          : 18.427  ± 2.75%
[15] A + B + A:B + C + B:C + s                    : 1308.9  ± 2.75%
[16] A + B + C + A:C + B:C + s                    : 9.2884  ± 4.09%
[17] A + B + A:B + C + A:C + B:C + s              : 714.9   ± 4.67%
[18] A + B + A:B + C + A:C + B:C + A:B:C + s      : 579.77  ± 4.6%


Against denominator:
  data ~ s (null モデル)
---
Bayes factor type: BFlinearModel, JZS
```

　各モデル内の説明項 s は，参加者が生じる参加者間・参加者内誤差である。ベイズファクタ分析はモデル間比較で参加者 s の影響を丸ごと約分してしまうので誤差を細分化する必要がない。このため 3 要因分散分析のデザインは 4 種類あるが，ベイズファクタ分析ではどのデザインにも同一のアルゴリズム（計算方式）を適用することが可能である。上掲出力は ABCs, ABsC, AsBC, sABC の 4 デザイン共通である。

　最下段の null モデル "**data ~ s**"（データ＝誤差）まで加えて，設定可能なモデルは全 19 モデルになる。この分析結果が従来の分散分析表の形式にまとめられる（以下に再掲）。

```
> Bxt # ベイズファクタ分析（対比モデル平均化）
       P_with  P_without    inc.BF
A      0.02255  0.02232     1.010
```

B	0.01352	0.03741	0.361
C	0.45876	0.00110	418.129
A×B	0.87315	0.01164	75.031
A×C	0.30640	0.59994	0.511
B×C	0.25129	0.64002	0.393
A×B×C	0.07041	0.08682	0.811

　この *inc.BF* 値の計算には 2 要因デザインと同様，**対比モデル平均化**を用いている。主効果の ***BF*** 値の平均化は演習 7a で解説したので，ここでは交互作用の ***BF*** 値の平均化を解説する。原理は同じである。交互作用 A × B を例にとると，まず，A × B を持つモデルを pp.156-157 の原出力からすべて取り出す。モデル［4］［9］［12］［15］［17］の 5 モデルである。次に，これら 5 モデルに対比すべきモデル（A × B を持たない点だけが異なるモデル）を取り出す（→モデル［3］［8］［11］［14］［16］）。たとえばモデル［17］に対比すべきモデルは下の［16］となり，A × B の有り・無しだけが異なる。

［17］A + B + **A × B** + C + A × C + B × C + s
―――――――――――――――――――――――――――――――
［16］A + B + 　　　　　　C + A × C + B × C + s　　　※分母に **A × B** だけがない

　このように，A × B を持つモデル群（with A × B）に対して，A × B を持たないモデル群（without A × B）を対比させて，A × B 単独の予想確率値を得る。ここで原出力中のフルモデル［18］も実は A × B を持つのであるが，しかしこれは対比すべきモデルがない。すなわち［18］の中にある二次の交互作用 A × B × C を除算できる対比モデルが存在しない。したがって［18］は A × B を持っていても対比モデル平均化に使えない（これを算入するのが全体モデル平均化である）。かくして，A × B を持つモデル群（with A × B）と持たないモデル群（without A × B）との比較から平均化された ***BF*** 値（A × B の含み ***BF*** 値）は次ページのように算定される（数値はこのページ上段のベイズファクタ分析表参照）。

$$inc.BF = \frac{[4]+[9]+[12]+[15]+[17]}{[3]+[8]+[11]+[14]+[16]} = \frac{\text{P\_with A} \times \text{B}}{\text{P\_without A} \times \text{B}} = \frac{0.87315}{0.01164} = 75.031$$

　本来は上式のように分子・分母で各モデルによるデータの予想出現確率の合計値を計算しモデル数 5 で割って，最終的に 0.87315／0.01164 のような相対的確率値として表示する。予想出現確率の代わりに各モデルの **BF** 値を足し上げて割り算しても検算できる（null モデルの **BF** 値は **BF** = 1 とする）。最も簡単な検算は二次の交互作用 A×B×C であり，これを持つ唯一のモデル［18］の **BF** 値を，これを持たない［17］の **BF** 値で割ると，**BF** = 579.77／714.9 = 0.81098 が得られてベイズファクタ表の **inc.BF** = 0.811 と一致する。

7.7　シミュレーション学習①：2 要因データを再現する

　以下，シミュレーション学習によって分散分析の実践的基礎を学んでみましょう。STAR 実装のシミュレーション・メニューを使って，どんなときに主効果が得られ，どんなときに交互作用が得られるのか，いろいろなケースを模擬的につくり出すことができます。以下課題にチャレンジしてみてください。

課題 I
データの再現

## Chapter 7

下の Table 7-5 の平均と *SD* をグラフに再現しなさい。

Table 7-5　2 要因ＡＢｓデザインの平均と標準偏差

	A 1		A 2	
	B1	B2	B1	B2
n	10	10	10	10
mean	35	20	15	30
SD	10	10	10	10

　STAR 画面のかなり下のほうにある「シミュレーション」の見出しを探します。Table 7-5 はＡＢｓデザインですので，このシミュレーションのメニュー

リストから【ＡＢｓ（２要因参加者間)】を選びます。

●操作手順

❶【ＡＢｓ（２要因参加者間)】をクリック

→２本の線グラフが表示されます。A1を赤色（●），A2を青色（●）のグラフと見立て，ヨコ軸をB1・B2と見立てましょう。

❷［データスケール：1]を［データスケール：5]に変更する

→Table 7-5 の平均の大きさに合わせて，タテ軸の尺度を5倍にします。

❸●●にポインタを当ててTable 7-5 の平均値になるように動かす

→赤色（A1）のB1の●にポインタを当て，タテ軸＝35の位置まで引き上げます。基本統計量の表内の "mean" が 35.0 になったかをチェックしましょう。同様に赤色（A1）のB2の●も20の位置に動かし，また青色（A2）のB1, B2の●も 15, 30 に移動させます。

❹下段枠内の分散分析の結果を確認する

→" Ａ×Ｂ " が F＝20.25** と表示されて有意です。交互作用が生じたことを確かめます。このようにシミュレーションを使うと，既存のデータを再現することができ，同時にそのグラフを描くだけで分析結果が得られます。

Table 7-5 において交互作用が生じていることがわかります。このとき主効果Ａ・Ｂがともに "ns"（non-significant，有意でない）となっていることにも注目してください。グラフが×印のパターンを示したときは「両主効果なし，交互作用あり」という典型的結果になります。このように平均のグラフのパターンから分析結果を予想することができます。次のシミュレーション学習でそうした予想の力を鍛えましょう。

7.8　シミュレーション学習②：交互作用を判別する

課題2
交互作用の判別

　　以下の平均のプロフィール（図Ⅰ〜図Ⅴ）において分散分析の結果がどうなるか，ア）〜オ）の選択肢からそれぞれの図に該当するものを選びなさい。

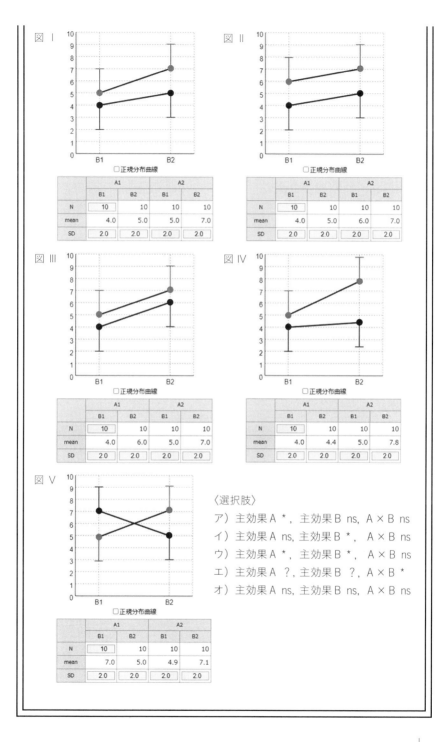

図 I

	A1		A2	
	B1	B2	B1	B2
N	10	10	10	10
mean	4.0	5.0	5.0	7.0
SD	2.0	2.0	2.0	2.0

図 II

	A1		A2	
	B1	B2	B1	B2
N	10	10	10	10
mean	4.0	5.0	6.0	7.0
SD	2.0	2.0	2.0	2.0

図 III

	A1		A2	
	B1	B2	B1	B2
N	10	10	10	10
mean	4.0	6.0	5.0	7.0
SD	2.0	2.0	2.0	2.0

図 IV

	A1		A2	
	B1	B2	B1	B2
N	10	10	10	10
mean	4.0	4.4	5.0	7.8
SD	2.0	2.0	2.0	2.0

図 V

	A1		A2	
	B1	B2	B1	B2
N	10	10	10	10
mean	7.0	5.0	4.9	7.1
SD	2.0	2.0	2.0	2.0

〈選択肢〉

ア）主効果 A ＊，主効果 B ns，A × B ns

イ）主効果 A ns，主効果 B ＊， A × B ns

ウ）主効果 A ＊， 主効果 B ＊， A × B ns

エ）主効果 A ？，主効果 B ？，A × B ＊

オ）主効果 A ns，主効果 B ns，A × B ns

●シミュレーションによる交互作用問題の解答要領

　平均のプロフィールは4群の4平均が見せる“横顔”のことです。それが交互作用のパターンを確定します。選択肢エ）の“？”は「有意であっても有意でなくてもどちらでもよい」という意味です。交互作用が有意のとき主効果は取り上げることができないので，「どちらでもよい」という判断になります（読み取り方「下から上へ！」を思い出してください）。

　解答の仕方は【ＡＢｓ（2要因参加者間）】を改めてクリックし，初期画面を表示し，平均を問題の数値に合わせるだけです。下段枠内に出力される分散分析表の＊（アスタリスク）を読み取ってください。

　発展課題として，次のような分析結果になる平均のプロフィールもつくってみましょう。平均の“横顔”はどんな姿になるでしょうか。

〈発展課題1〉　主効果A，主効果B，A×Bがすべて $p < 0.05$
〈発展課題2〉　主効果A，主効果B，A×Bがすべて $p > 0.10$

7.9　シミュレーション学習③：N, SD を変えてみる

課題3
N, SD を変える

　ＡＢｓシミュレーションの初期画面において人数だけを変更し，主効果A・主効果Bが有意となるグラフをつくりなさい。同様にまた，初期画面において SD だけを変更し，主効果A・主効果Bが有意となるグラフをつくりなさい。

　とにかく試行錯誤してみてください。次ページの図は一例です。
　次ページの左の図は各群の初期値 $N = 10$ を $N = 20$ に増やしてみた結果です。分散分析モデルでは $N = 20$ 程度が適度と考えてください。右の図は初期値の SD がどの群も等しかったものを操作的に不揃いにした図です。SD の大きさが不揃いになると分散分析の前提（誤差分散の均一性）がくずれて適用できなくなります。それを強行すると有意になってしまうという悪例です。

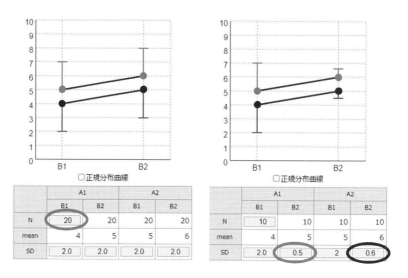

<table>
<tr><th></th><th colspan="2">A1</th><th colspan="2">A2</th></tr>
<tr><th></th><th>B1</th><th>B2</th><th>B1</th><th>B2</th></tr>
<tr><td>N</td><td>20</td><td>20</td><td>20</td><td>20</td></tr>
<tr><td>mean</td><td>4</td><td>5</td><td>5</td><td>6</td></tr>
<tr><td>SD</td><td>2.0</td><td>2.0</td><td>2.0</td><td>2.0</td></tr>
</table>

	A1		A2	
	B1	B2	B1	B2
N	10	10	10	10
mean	4	5	5	6
SD	2.0	0.5	2	0.6

　このように「こうすると…どうなる？」「どうなると…有意になる？」とい
う仮想的結果を試せることがシミュレーションの効用です。かなり極端で過激
な結果を想定することも，むしろ分析手法の適切な“使い方”を教えてくれま
す。特に次の3点についてシミュレートして確かめてみてください。

＊ $N = 20$ で平均の差が **SD** の半分程度あれば $p < 0.05$ になる

　　STAR画面の［□正規分布曲線］にチェックを入れるとデータの重な
り具合を見ることができます。

＊1群の **N** が異常に多いと小さな差も有意になる

　　初期画面の差は1.0程度あります。それを0.5程度に縮めて，**N** をど
んどん増やしてみてください（3桁にする）。小さな0.5の差が有意になっ
てしまいます。しかしそんなときも効果量は不変です。検定結果から結論
を得るときに最後の決定権は効果量の大きさにあると考えてください。

　　効果量が小さいなら，どんなに有意性が高くてもそれは現実的には微々
たる差です。ベイズファクタ分析も **N** の増大で **BF** 値が一方的に上昇し
てしまいます。どちらの分析を行うときも通常以上に **N** の大きいデータ
は慎重に評価する必要があります。1群20人前後を確保すれば正規分布
を推測できますので，極端に **N** を増やす必要はまったくありません。

＊各群の *SD* が不揃いで著しく小さい *SD* があると有意になる

　従来版の *p* 値を用いた分散分析では誤差分散の均一性が前提となります（各群の *SD* が等しいこと）。ベイズファクタ分析は等分散を仮定しなくてもよい（はず）ですが，平均を扱う限りデータが正規分布することは前提となります。ただし事後の MCMC 推定は正規分布への収束を仮定していません。

Chapter
8 相関係数のベイズファクタ分析

※ BayesFactor の関数 correlationBF 使用

相関係数は 2 変数の規則的な増減関係を表します。相関係数の計算法や解釈の仕方については『〈全自動〉統計』に詳しいのでそちらの Chapter 11 を学習してください。この章では復習を兼ねて，相関係数の検定にベイズファクタを用いる方法を演習します（演習 8a）。また，STAR 画面のシミュレーション・メニューを使って相関のデータを視覚的に操作し，相関の性質やデータとの関係について理解を深めることにします（演習 8b 以降）。

演習 8a　気温とアイスクリーム，ホットコーヒーの売り上げは相関するか

『〈全自動〉統計』と同じ Table 8-1 のデータをベイズファクタを用いて分析し，当日の最高気温（℃）とアイスクリーム及びホットコーヒーの売り上げ額（千円）が相関するかを調べなさい。

Table 8-1　20 日間のデータ

最高気温（変数 1）	アイスクリーム（変数 2）	ホットコーヒー（変数 3）
25	9	12
24	9	9
22	6	12
:	:	:
:	:	:
27	10	9
28	12	10

注）最高気温は℃，売上は千円単位。

8.1 データ入力・分析

データ入力の方法が，この章では今までと違った手順に変わります。実際の入力操作は前著『〈全自動〉統計』（pp.159-162 参照）が図入りで簡単にわかりますから，STAR 画面が初見という方はぜひそちらをご覧ください。以下，簡略化した手順を示します。事前に『ベイズ演習データ』演習 8a のデータを

コピーしておきましょう。

●操作手順

❶ STAR画面左の【相関係数の計算と検定】をクリック

❷「データ行列」の枠内にデータをペーストする

❸ [□ベイズファクタ] をチェック→【計算！】をクリック

❹ ［手順1］枠上辺の【コピー】をクリック

❺ カーソルをR画面に移し【右クリック】→【ペースト】する

　※ Mac OSではペースト後にキーボードの【Enter】キーを1回押す。

　→ R画面に dtab=read.table("clipboard",h=0) が貼りつきます。

❻ STAR画面に戻り ［手順2］枠上辺の【コピー】をクリック

❼ R画面をクリックしキーボードの【↑】＋【Enter】を押す

　→ R画面のどこでもいいのでクリックしR画面をアクティブ（入力を受け
　　付ける状態）にします。そしてキーボードの【↑】キーを押し、【Enter】
　　を押します。R画面には "dtab=read.…" という前入力が再度表示され
　　るだけですが、それでOKです。データがRに渡されました。

❽ STAR画面に戻り ［手順3］枠上辺の【コピー】をクリック

　→ R画面にペーストすれば計算が始まります。

　ガラリと変わった手順は❹～❼です。ただ一度実行してしまえば、設定変
更後に再計算するときに手順❹～❼を飛び越すことができます（手順❸→手
順❽でOK）。ただしデータを変更したら手順❹～❼は必須です。

8.2 『結果の書き方』

　『結果の書き方』は片側検定と両側検定の2種類が出力されます。通常は後
半に出力される『結果の書き方（両側検定)』を採用し、これを修正します。
各変数を"変数＃"で呼ぶことにしておけば（Table 8-1の見出しのようにカッ
コ書きしておく）、統計記号を斜字体にする程度で原出力をそのままレポート
にすることができるでしょう。以下は原出力です。

```
> cat(txt) # 結果の書き方 ( 両側検定 )
```
　各変数の基本統計量を Table(tx1) に示す。また，Table(sok) は各 2 変
数の相関行列である。
　各相関係数について帰無仮説「$\rho = 0$」に対する対立仮説「$\rho \neq 0$」の
ベイズファクタを算出した結果（Table(bfs) 参照），以下の変数間の相関
が有効以上の BF 値を示し対立仮説が支持された。

変数 1 × 変数 2 r=0.551 (BF=5.711, error=0%ア)，ρ _95%CI：0.037 − 0.707)
変数 2 × 変数 3 r=−0.491(BF=3.173, error=0%イ)，ρ _95%CI：−0.677 − 0.007ウ)

　以上の BF 値の計算には R パッケージ BayesFactor (Morey & Rouder,
2021) を使用し，事前分布（beta 分布）の尺度設定を rscale=0.333 とし
たほかは各種設定はデフォルトに従った。MCMC 法による推定回数は 1 万
回とした。
```
>
```

> **結果の読み取り**

　ベイズファクタ分析の結果，下線部**ア**のように変数 1 （最高気温）と変数
2 （アイスクリーム）の売上が有効以上の相関を示しました（*r* = 0.551, *BF*
= 5.711，両側検定）。相関係数の値がプラスなので正の相関です。正の相関
は，最高気温が上昇するとアイスクリームの売上も増加することを意味しま
す。相関係数 *r* = 0.551 はその規則的関係がどの程度直線的かを表します。*r*
の値は-1 〜 0 〜 1 の範囲をとり，*r* = ±1 ならまさに完全な一直線（一次関数）
の関係になります。*r* = 0 なら無相関であり，どんな直線にも収束する傾向
がありません。今回，*r* = 0.551 は中程度の線形近似を示しています。
　r = 0.551 はデータ（標本）の相関係数であり，真の相関の出現例でしかなく，
もしかすると本当は真の相関はゼロかもしれません。そこで真の相関係数を
ρ （rho，ロー）で表し，ρ がゼロではないという検定を行います。帰無仮説
は「$\rho = 0$」です。結果として *BF* = 5.711 は，帰無仮説よりも対立仮説「ρ
$\neq 0$」のほうが標本の *r* を 5.711 倍も高い確率で予測したことを示し，その
証拠価値（証拠の強さ）が有効でした（*BF* ≧ 3）。これで *r* = 0.551 の真の

相関がゼロではないこと（$\rho \neq 0$）が証明されたわけです。

　同様にして，下線部**イ**の結果，変数 2（アイスクリーム）と変数 3（ホットコーヒー）の売上も有効以上の相関を示しました（$r = -0.491$, **BF** = 3.173）。こちらは負の相関であり，アイスクリームの売上が増加するとホットコーヒーの売上が減少する（減少→増加もあり）という逆方向の増減関係です。

　BF 値の出力に付記された "**ρ _95% CI**" は ρ の値の 95% 確信区間であり，検定後に，真の相関 ρ がとる値をシミュレーション推定した結果です。下線部**ウ**の 95% 確信区間が-0.677 〜 0.007 であり，$\rho = 0$ をはさむのが検定結果と一致しませんが，N が 3 桁になれば食い違いはなくなるでしょう。相関は $N > 100$ で分析するものと考えてください（少なくとも $N > 50$）。

8.3　統計的概念・手法の解説 1

● p 値有意・BF 値有効となる最小相関係数の比較

　p 値有意となる最小の相関係数と，**BF** 値有効となる最小の相関係数を比べてみよう。同一のデータに対して p 値は **BF** 値よりも比較的小さな相関係数を "拾う" 傾向がある。実際に p 値で有意とされる相関係数の最低ラインと，**BF** 値で有効とされる最低ラインはどれくらい違うだろうか。それを比べてみた結果，Table 8-2 のようになった。

Table 8-2　p 値有意と BF 値有効の最小相関係数（絶対値）

N	20	50	100	200	500
$BF \geqq 3$	**0.485**	**0.315**	**0.233**	0.173	0.117
$p < 0.05$	0.444	**0.279**	**0.197**	0.139	0.088
$p < 0.01$	0.561	0.361	0.257	0.182	0.115

注）BF 値推定時の beta 分布の尺度設定は *rscale* = 1/3。

　この表は，標本サイズ $N = 20 \sim 500$ の設定において，相関係数の検定結果が **BF** $\geqq 3$, $p < 0.05$, $p < 0.01$ となる最小相関係数（絶対値，以下同様）を求めたものである。たとえば $N = 20$ で **BF** $\geqq 3$ と判定されるには最低 $r = 0.485$

の相関係数が必要…というふうに読む。同様に，$N = 50$ で $p < 0.05$ と判定されるには $r = 0.279$ 以上でなければならない。ワンランク上げて $p < 0.01$ と判定されるには $r = 0.361$ 以上でなければならない。

　通常，相関係数は（確証的研究であれば）$N = 50$ 以上が努力目標，$N = 100$ 以上が標準サイズである。そこに限定して $N = 50, 100$ の欄を見ると，$BF \geqq 3$ の r と $p < 0.05$ の r との差は 0.03 〜 0.04 前後におさまるようである。r 自体は効果量（相関の強さ）として解釈できるから，0.03 程度の差は実質的に違わないといえる。すなわち相関係数の検定に BF 値と p 値のいずれを用いてもほぼ結論は変わらない（帰無仮説の棄却については）。ただし帰無仮説の採択も視野に入れている場合は BF 値を用いなければならない（$BF < 0.333$ で $BF_{01} > 3$ になり無相関 $\rho = 0$ を採択できる）。

●相関係数の差の検定

　変数が 3 個以上で複数の相関係数が算出されるとき，r 同士の差を検定することができる。たとえば最高気温×アイスクリーム売上の相関 $r = 0.551$ と，最高気温×ホットコーヒー売上の相関 $r = -0.134$ の差を検定してみよう。この検定では「$\rho_1 = 0.551$」を主張するモデル 1 と「$\rho_2 = -0.134$」を主張するモデル 2 の優劣比較となる。この比較はそれぞれの無相関検定時の BF 値を使って，$BF_{12} = 5.711 / 0.538 = 10.615$ と推移的に計算される。すでに自動的に，R 画面の「相関係数の差の検定（両側検定）」に下のように出力されている。

```
> bx2 # 相関係数の差の検定（両側検定）
          BF10   x1*x2   x1*x3    x2*x3
x1 * x2   5.711   1.000   10.615   1.80
x1 * x3   0.538   0.094   1.000    0.17
x2 * x3   3.173   0.556   5.898    1.00
> # BF10 は行 r の無相関検定の BF 値
> # 対角線右上は BF=（行 BF10 ／列 BF10）
> # 対角線左下はその逆数
>
```

列見出し "BF10" が無相関検定の **BF** 値である。2 列目以降の 1.000, 1.000, …を対角線とみなした右上ゾーンの **BF** 値（**BF** = 10.615）が，ρ_1 モデルを分子に置き ρ_2 モデルを分母とした優劣比であり（すなわち BF_{12}），ρ_1 モデルの予測力が ρ_2 モデルよりも 10.615 倍高かったことを示している。対角線の左下ゾーンの **BF** 値は逆に ρ_2 モデルの優劣比を表す（すなわち BF_{21}）。

ρ_1 モデルの **BF** = 10.615 は有効水準 = 3 を超えているので，ρ_1 と ρ_2 のデータ予想確率に実質的な差があることになる。この予測力の差が相関係数の差になる。もし **BF** = 1 なら両モデルは同じ差を主張しているということである（対角線の **BF** = 1.000 のケース）。

$\rho_1 \cdot \rho_2$ のどちらかのモデルの優勢が示されれば実質的な差があることになるので，対角線（= 1.000,…）の右上・左上ゾーンのどちらかに **BF** ≧ 3 があれば知見になる。上記出力では［x2*x3 vs x1*x3］の **BF** = 5.898 も有効であり，アイスクリーム×ホットコーヒーの売上の相関（−0.491）と最高気温×ホットコーヒー売上の相関（−0.134）にも実質的な差があるといえる。

なお，BF_{10} は両側検定の **BF** 値であるので，差の方向性（一方の相関係数が他方より大きいか小さいか）までは含意していない。2 つのモデルの優劣がわかってから各モデルの主張する具体的な **r** の値を見て，どちらが大きいか（小さいか）を後づけで判断するという手順になる。もし片側検定を行うときは，片側仮説の BF_{10} を用いる（R 画面の上方に出力される「片側仮説の **BF** 値…」から引用する）。

8.4　相関係数のシミュレーション学習

2 変数の相関を表す **r** は 2 変数の関係を 1 つの値で表すことができる点で便利ですが，データサイズ（**N**）が 10 個であっても 1000 個であっても，1 つの値で表現されるため，データ全体がどのように分布しているのかはわかりません。データ分布の平面的分布を表した図に**散布図**（scattergram）があります。散布図は 2 つの変数をヨコ軸とタテ軸にとり，ヨコ軸・タテ軸の値を座標としてデータを点描したものです。次ページの図のように，点が右上がりだと正の相関，右下がりだと負の相関になります。点が一直線上に集まるほど，相関係

数の絶対値は1に近くなります。

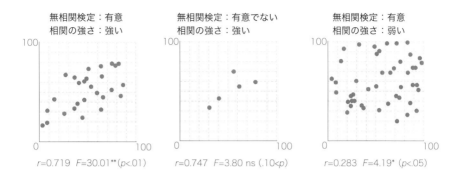

相関の有意性と相関の強さは必ずしも一致しません。

3例の散布図を見ると，相関の有意性と相関の強さは必ずしも一致しません。有意である（無相関でない）からといって相関が強いとはいえないのです。分析結果だけでなく散布図で相関をチェックすることが重要です。

表計算ソフトなどでも2変数のデータを与えると散布図を描いてくれますが，その散布図を操作することはできません。この点，STAR実装の相関係数シミュレーションでは操作可能な散布図を描き，散布図内のデータを動かすとリアルタイムに相関係数を出力することが可能です。次の演習では，散布図内の点を動かしデータの散布状態をいろいろに変化させて，それに対応した相関係数の変化を体験的に学習することにしましょう。

演習 8b　**シミュレーション課題①：散布図をつくる**

　STAR画面のシミュレーション・メニュー【相関係数計算】を使って，相関係数 $r = 0.3$，$r = 0.4$，$r = 0.5$，$r = 0.7$ の散布図をつくりなさい。後ほど，いくつかの散布図（$N = 10$）を提示し相関係数を予想するテストを行うので，その準備を兼ねて，特定の相関係数に相当する散布図のイメージを形成してみましょう。

　まず，基本的操作を覚えましょう。STAR画面のサイドメニューのかなり下のほうにある見出し「シミュレーション」を見つけてください。そのメニューリストの中の【相関係数計算】を使います。

●操作手順

❶ シミュレーション・メニュー【相関係数計算】をクリック
  →下のような散布図の画面が表示されます。
    ●が一つひとつのデータで，10個の●がランダムに表示されます。

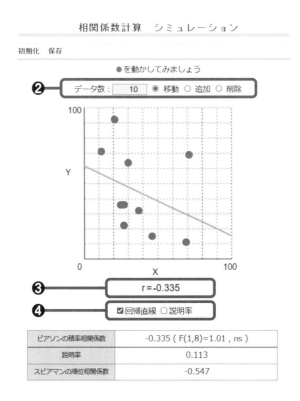

❷ ［データ数：10］と ［●移動　○追加　○削除］を確認する
  →データサイズ（N）は初期値10です。テストもN = 10で出題しますの
    でこのままでOKです。また ［●移動］にチェックが入っていることを
    確認しましょう。これで散布図内のデータ（●）をマウスで移動させる
    ことができます。
    ［○追加］をチェックすると，散布図内の任意の位置をクリックすれば●
    が追加されます（データが増える）。［○削除］をチェックすると，既存
    の●をクリックすればそれが削除されます。
❸ ポインタを●に当てて動かし ［r = 0.###］を確認する

→とにかくデータを動かしましょう。そして，散布図下に表示される［r = 0.###］がどう変化するかを観察してください。

❹ ［□回帰直線］をチェックし回帰直線を表示する

→回帰直線は *r* ＝ ± 1（完全相関）となる直線のことです。つまり，この直線上にすべての●を乗せると相関係数の表示は｜*r*｜＝ 1 となります。この回帰直線を目安として●を近づけたり遠ざけたりするのが，特定の相関係数をつくるコツです。このようにして，*r* = 0.3, 0.4, 0.5, 0.7 の散布図（マイナスの *r* は右下がりになる）を自由につくり，相関と散布図のイメージを鍛えましょう。

演習 8c　**シミュレーション課題②：相関係数を予想する**

　以下の散布図 A ～ F について，①相関係数がおよそいくつになるかを予想し，［　］内に小数点以下第一位までの値を記入しなさい (0.3, 0.7,…のように)。また，相関係数の前提として，②各変数が正規分布しているか否か，③データが等散布性を示しているか否かを判定し，問題がなければ○，問題があれば×をそれぞれの［　］内に記入しなさい。

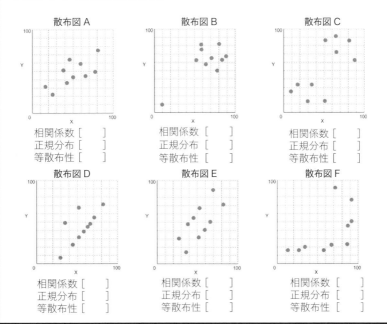

相関係数［　］　　相関係数［　］　　相関係数［　］
正規分布［　］　　正規分布［　］　　正規分布［　］
等散布性［　］　　等散布性［　］　　等散布性［　］

相関係数［　］　　相関係数［　］　　相関係数［　］
正規分布［　］　　正規分布［　］　　正規分布［　］
等散布性［　］　　等散布性［　］　　等散布性［　］

各変数の**正規分布**について判定するには，データ（●）を変数Yと変数 x の座標軸に乗せてみることです。グラフ画面の下にある［□説明率］をチェックしてみましょう。すると，Y 軸のデータが右辺に点描され，x 軸のデータが上辺に点描されます。それが●を"座標軸に乗せた"イメージです。

　問題図についてもそのようにイメージして，10 個の●を Y 軸に水平に寄せていき，10 個の●のバラつきが正規分布かどうかをチェックします。チェックの主なポイントは次の 3 点です。

　＊●が± 1*SD* の範囲に 7 個程度入っていること
　＊分布の中心に●が密集し，だんだんとまばらに離れていくこと
　＊分布が左右対称であること

　変数 x のデータ分布（上辺に表示される）についても同様にして正規性を判定します。変数 Y と変数 x の両方が正規分布することが相関係数の前提です。片方だけではダメです。

　もう一つの**等散布性**は初見の概念ですが非常に重要です。等散布性のイメージはデータ（●）が回帰直線に沿って楕円形のように等幅に散らばっている状態です。岐阜県・長野県の五平餅を知っているならそういうイメージです。つまり，平たい・長い・丸いモチが左右均等に回帰直線に串刺しになっている…というイメージです（下図の長丸の輪郭線）。

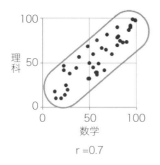

r =0.7

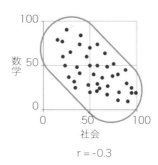

r = -0.3

　実際，データの等散布性は図上でそうしたイメージでチェックするしかないのです。上図の問題を考えながら散布図を描く重要性を認識しましょう。

●散布図問題の解答例

相関係数は，実はすべての散布図 A 〜 F において *r* = 0.7 です。

意地悪な問題と思わずに，そうなのかぁ，これでテンナナ…なのかぁという印象を持ってください。その印象だけでも相関係数を見るセンスは"並"ではありません。正規分布・等散布性についての正解は下の表の○×の通りです。こちらはかなり的中したのではないかと思います，五平餅か大判・小判のイメージを持っているならば。

〈散布図問題の正解例〉

散布図	A	B	C	D	E	F
相関係数	0.7	0.7	0.7	0.7	0.7	0.7
正規分布	○	×	×	○	○	×
等散布性	○	×	×	×	○	×

相関はデータが直線に収束することを仮定した統計量です。それゆえに正規分布や等散布性が前提となっています。正規分布と等散布性が保証されないケースでは *r* の値の信頼性が保証されません。そんなときは正規分布と等散布性を前提としない**順位相関**（『〈全自動〉統計』p.169 参照）を見てください（下図）。

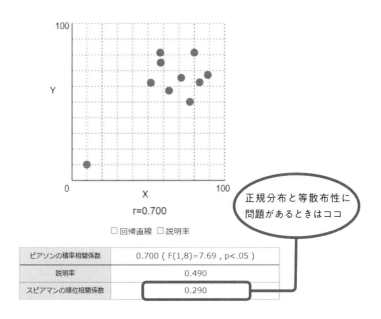

r=0.700

□回帰直線 □説明率

正規分布と等散布性に
問題があるときはココ

ピアソンの積率相関係数	0.700 (F(1,8)=7.69 , p<.05)
説明率	0.490
スピアマンの順位相関係数	0.290

相関係数と順位相関の値が違いすぎるときは，だいたい相関係数 r の前提が守られていないケースです。順位相関は実践的にそのように使います。

演習 8d　**シミュレーション課題③：外れ値のある散布図をつくる**

　演習 8c の「散布図 B」では集団から 1 つだけ極端に外れたデータがあった。これを**外れ値**という。外れ値はたとえ 1 個でも，データ全体に与える影響が非常に大きく，相関係数（r）の推定計算を誤らせることが知られている。次の問題 I・II に従って，あえて "不良相関" の散布図をつくりなさい。

〈問題 I〉
　$N = 10$ として，$r = 0.9$ 以上の散布図をつくり，そこにデータを 1 個追加すると，劇的に相関係数が下がる散布図（$N = 11$）をつくりなさい。一番 r の値（絶対値）を下げた人が "勝ち" とする。

〈問題 II〉
　$N = 10$ として，$r = 0.1$ 未満の散布図をつくり，その中のデータを 1 個削除すると，劇的に相関係数が上昇する散布図（$N = 9$）をつくりなさい。一番 r の値（絶対値）を上げた人が "勝ち" とする。

　解答例は載せませんが，外れ値の候補となる 1 個の●をドラッグしながらマウスを動かし，r の値を見ながら激変する位置を探すのがコツです。候補の位置が決まったら，チェックボックスの［○移動　○追加　○削除］で追加または削除して，どの程度 "劇的に変わるか" を確かめて，"勝利" をつかみ取ってください。

8.5　統計的概念・手法の解説 2

●相関係数と説明率

　まず，$N = 10$ の完全相関（$r = 1$）の散布図をつくってみよう（□回帰直線にチェックを入れてつくれば簡単）。つくれたら［□説明率］をチェックしてみよう。正規分布曲線が描かれ，散布図の右辺と左辺の軸上にデータ（●●）

が表示される（下図）。

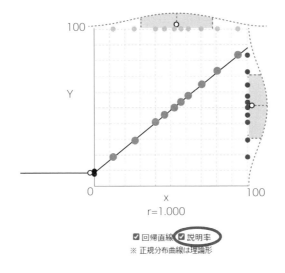

※ 正規分布曲線は理論形

　図の右辺の●はバラついているが，左辺の●は1点に集中している。右辺の
データのバラつきが左辺でゼロになったのである。すなわち，Y軸のデータを
x軸に関係づけると完全に一直線に収束するということである。それゆえx軸
の値が定まるとY軸の値も一意に（誤差なく）決まることになった。これをY
軸のデータ（のバラつき）がx軸によって完全に説明された（完全相関）と表
現する。

　相関の強さはそのように変数間の説明率として評価される。$r = 1$が説明率
100％である。また$r = 0.8$の説明率は，説明率 $= 0.8^2 = 64$％である。そのよ
うに相関係数rを二乗すると説明率（％）として読むことができる。

　では，完全相関の散布図をくずして$r = 0.8$の散布図を作ってみよう。右辺
（●）と左辺のデータ（●）のバラつきはどうなるだろうか。

　回帰直線に乗っている●は少なくなるが，●から回帰直線に沿って平行にY
軸へ延ばした細い線をたどっていくと，左辺の●の分布幅は右辺のバラつきよ
りも相当に縮減されたことがわかるだろう（次ページの図）。五平餅よりは秋
田県のキリタンポに近い。それが$r = 0.8$で64％説明された姿である。

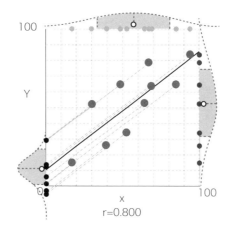

r=0.800

　相関係数の **BF** 値は対立仮説の強さ（帰無仮説に対する）にすぎないが，そ
れとは別に，相関そのものの強さはこのように相関係数自体から判定する。す
なわち **r** はそれ自体が効果量である。相関の強さの便宜的評価基準は弱 = 0.3，
中 = 0.4，強 = 0.7 とされるが，説明率に換算すると，だいたい **r** の弱・中・強
の境界は 10％，15％，50％となる。これからわかるように **r** の値は等間隔で
はない。**r** の値は十進法に従わないのである。相関の強さをイメージするとき
には **r** を二乗し説明率の％に基づいて感覚を養うようにしたほうがよい。

回帰モデルのベイズファクタ分析

※ BayesFactor の関数 regressionBF, lmBF, generalTestBF 使用

　回帰分析は，変数間の相関に基づいて因果関係・予測関係を探索する方法です。1 個の従属変数 Y を複数個の独立変数 x_i で予測します。そのような予測モデルまたは回帰モデルを Y = x1 + x2 + x3… のような数式で表し，Y を説明する有力な独立変数 x_i を見いだそうとします。

　Y という結果を引き起こしている原因 x を突き止めるのが目的です。そうした因果関係の探究を全自動 STAR がサポートします。早速，分析例に当たってみましょう。その後，理解を深めるために『〈全自動〉統計』Chapter 12 もぜひお読みください。

演習 9a　　**革新性を高める職場風土とは？**

　個人の活動スタイルに集団雰囲気または職場風土（work climate）が影響することはよく知られている。そこで，ある業務チームにおいて各スタッフの創造的・開発的スタイルに職場風土がどんな影響を及ぼしているかを調べることにした。スタッフの革新性(innovation style)を従属変数とし，職場風土の 4 要素「明るさ」「まとまり」「温かさ」「自由さ」を独立変数とする回帰分析を実行した。各スタッフの革新性については部局長クラス複数者に評定を依頼し，職場風土の 4 要素についてはスタッフ自身に評定を依頼した。その結果，Table 9-1 のようなデータを得た。ベイズファクタ分析を用いて革新性を予測する有力なモデルを見いだしなさい。なお，予測モデルには交互作用を仮定してみること。

Table 9-1　スタッフの革新性と職場風土 4 要素の評定得点

スタッフ No.	革新性 (Y)	明るさ (x 1)	温かさ (x 2)	まとまり (x 3)	自由さ (x 4)
1	5	1	2	3	3
2	5	5	3	4	1
3	3	1	3	4	1
⋮	⋮	⋮	⋮	⋮	⋮
11	6	1	3	1	3
12	1	1	1	5	2

注）各変数は下の評定尺度または質問項目に対する肯定度。
Y：Innovation 尺度（Kirton, 1976）1 〜 9 段階，x1：職場は明るいと感じますか（1 〜 5 段階，以下同様），x2：職場は温かいと感じますか，x3：職場はまとまりがあると感じますか，x4：職場は自由さがあると感じますか

9.1 データ入力・分析

Table 9-1 の変数 Y は，従属変数または結果変数（outcome variable）といいます。これはデータリストの必ず一番左に置かなければなりません。その右側に独立変数または予測変数（predictors）を並べます。つまり，Y = x1 + x2 + x3…というモデル（回帰式）を想定します。この形式で書かれたデータリストが『ベイズ演習データ』演習 9a にありますので，これをコピーしておきましょう。

もしデータの中に欠損値（無回答）があったら，Chapter 10「各種ユーティリティ」を参照し，【欠損値処理】メニューで対処してください（p.213 参照）。

●操作手順

❶ STAR 画面左の【回帰分析】をクリック

❷ 設定画面で参加者数 = 12，独立変数の個数 = 4 を入力する
　→独立変数の個数は 4 です。従属変数は必ず 1 個ですので設定不要です。

❸ データ枠直下の小窓をクリック→小窓が大窓になる

❹ 大窓にデータをペーストする

❺ R オプション［初期モデル：交互作用］を選ぶ
　→初期値は「交互作用」ですので確認するだけです。オプションとして「主効果」も選べます。使い分けの仕方は後述します。

❻ ［□ベイズファクタ］にチェックを入れる

❼ 【計算！】をクリック
　→ここから STAR 画面と R 画面を 3 往復します。前章の相関係数の操作手順と同じ操作になります。

❽ STAR 画面の［手順 1］枠上辺の【コピー】をクリック

❾ カーソルを R 画面に移し【右クリック】→【ペースト】する
　→ dtab= read.table…が R 画面に表示されます。
　※ Mac OS ではペースト後にキーボードの【Enter】キーを 1 回押す。

❿ STAR 画面に戻り［手順 2］枠上辺の【コピー】をクリック

⓫ R 画面をクリック→キーボードの【↑】→【Enter】を押す
　→ R 画面をクリックし（アクティブにする），キーボードの【↑】→【Enter】を押します。R 画面に再度 dtab= read.table…が表示されたらＯＫです。それで数千個のデータも一瞬で R に渡されます。

R画面で右クリックしペーストしてしまったら…データが延々と表示されます。それが終わるのを待って，手順❽からやり直してください。

⓬ STAR画面の ［手順3］枠上辺の【コピー】をクリック

⓭カーソルをR画面に移し【右クリック】→【ペースト】する

※ Mac OS ではペースト後にキーボードの【Enter】キーを1回押す。

これで分析が始まります。計算時間が多少かかります。分析の終了後，出力された『結果の書き方』を文書ファイルにコピペし，修正を行います。

通常の回帰分析（*BF*値でなく*p*値を使用する）も実行したいというときは，手順❻で［☑ベイズファクタ］のチェックを外す→【計算！】をクリック→手順⓬⓭で実行できます（手順❽〜⓫を飛び越し可）。実際に演習9bでやってみましょう。

9.2 『結果の書き方』

R画面には，前半に主効果モデルの結果が出力されます。設定時に［初期モデル：交互作用］を選んだときも，自動的に主効果モデルも分析するようになっています。もし交互作用の結果が思わしくなかったら，主効果モデルの結果を見ることができます。そちらがよければSTAR画面に戻り手順❺で［主効果モデル］を選択→❼→⓬⓭で再実行してください。主効果モデルの『結果の書き方』が出力されます。

以下は最初の設定通りの交互作用モデルの分析結果です。

> cat(txt) # 結果の書き方
　　各変数の基本統計量を Table(tx1) に示す。
　　Table(tx1) の変数 Y を従属変数とし，変数 x1 〜 x4 を独立変数とした₇)交互作用モデル Y~x1+x2+x3+x4+x1*x2 についてベイズファクタ分析（有効水準=3）によるモデル選出を行った。その結果(Table(KoG) 参照)，モデル"Y= x1 + x2 + x1*x2 + x4" が有効な BF 値を示し最上位であった（BF=3.611,

```
error=0%, R2=0.756, adjusted R2=0.617)ᵢ)。
    ただし第2位の選出モデル "Y=x1 + x2 + x1*x2 + x3 + x4" に対比した
BF 値は有効以下であり (BF=1.877, Table(KoG2) 参照), 上位モデル間で今後
の追試が必要とされる。

    Table(KoG3) は事後推定された偏回帰係数ᵤ) の分布の要約である。

    多重共線性について各変数の VIF (分散拡大要因) を算出したₑ) 結果
(Table(KoG7) 参照), 特に危険はないと判断された (VIFs<1.42)。
(以下省略)
```

　語句の置換，統計記号の整形（→ **BF**, **error**, R^2, **adjusted** R^2, **VIF**）を行えば，
ほとんどそのままレポートとして使えます。下線部**ア**の x1, x2,…の略号を下
の Table 9-2 の見出しのように付記しておけば，レポート中でも各変数を x1,
x2,…として言及することができます。レポート例は省略しますが，出力冒頭
の Table(tx1) はR画面の「基本統計量」を用いて下のような Table 9-2 を作成
してください。

Table 9-2　各変数の基本統計量 (*N* = 12)

	スタッフの 革新性 (Y)	職場風土			
		明るさ (x1)	まとまり (x2)	温かさ (x3)	自由さ (x4)
平均 (*M*)	5.33	2.50	2.92	2.50	2.33
SD	2.42	1.73	1.38	1.51	1.30
M - *SD*	2.91	0.77	1.54	0.99	1.03
M + *SD*	7.76	4.23	4.30	4.01	3.64

注）変数 Y は評定値 1 〜 9, 変数 x1 〜 x4 は評定値 1 〜 5。
　　評定値が大きいほど肯定的であることを示す。

結果の読み取り

　結果の記述は，有力モデルの選出→偏回帰係数の推定と進みます。
　まず，有力モデルの選出（下線部**イ**）では，最大の **BF** 値（= 3.611）を

示した"Y= x1 + x2 + x1*x2 + x4"が選出されました（Y= x1 + x2 + x4 + x1*x2 と表記しても可）。この選出は以下の結果に基づいています。

```
> KoG  # 交互作用モデルの回帰分析
                              BF  err%      R2   adj_R2
x1 + x2 + x1*x2 + x4        3.611     0   0.756   0.617
x1 + x2 + x1*x2 + x3 + x4  1.923     0   0.762   0.564
x1 + x3                    1.262     0   0.401   0.268
x1 + x2 + x1*x2            1.224     0   0.513   0.331
x1                         1.208     0   0.248   0.173
x4                         1.115     0   0.230   0.153
>
> KoG2  # 最上位モデルと下位モデルの対比★
                       第2位   第3位   第4位   第5位
x1 + x2 + x1*x2 + x4   1.877   2.861    2.95   2.989
>
```

　上の出力は BF 値の大きい順に6個のモデルを表示しています。この中のトップモデルを選出したわけです。BF 値の右側にある R2 = R^2 は**モデル説明率**（または**決定係数**）といいます。R^2 = 0.756 はトップモデルが変数 Y（革新性得点）の75.6%のバラつきを説明したことを示しています。adj_R2 = *adjusted* R^2 は**自由度調整済み決定係数**といわれる統計量で，他のモデルとの比較に使われます。モデルの説明率（決定係数）はモデル内の説明項が多いほうが有利になるので *adjusted* R^2 は説明項の数に応じて説明率を調整しています。

　出力下段（★印）には，トップモデルと第2位以下のモデルとの対比が示されています。これも BF 値です。このように何でもモデル間の優劣比較に持ち込むのがベイズファクタのやり方です。トップモデルと第2位のモデルとの優劣の比は BF = 1.877 です。もし $BF \geqq 3$ なら"トップ選出"の根拠十分になりますが，本例は届きませんでした。それでもトップモデルは2倍近い有力さを示していますので問題ないでしょう。

選出モデルが確定したら，次に，偏回帰係数の推定を行います（『結果の書き方』の下線部**ウ**）。**偏回帰係数**（partial regression coefficient）は，モデル内の特定部分（パーシャル）の影響力を表す数量です。モデル内のパーシャルな部分とは個々の説明項，すなわち x1, x2, x4, x1*x2 のことです。下線部**ウ**の参照表 Table(KoG3) は，下のR画面の出力「…偏回帰係数の推定」から作成してください。表中の mu, sig2 は全体平均 $\overset{\text{ミュー}}{\mu}$，全体分散 $\overset{\text{シグマ}}{\sigma^2}$ を表しますが省略可です。

```
> KoG3 # 最上位モデルの偏回帰係数の推定
           Mean    SD   Median   CI 2.5% - 97.5%
mu        5.331 0.524  5.328     4.281   6.369
x1        0.215 0.287  0.214    -0.351   0.786
x2        0.598 0.379  0.602    -0.143   1.332
x4        0.725 0.419  0.738    -0.101   1.534
x1_*_x2  -0.450 0.241 -0.455    -0.912   0.029
sig2      3.281 2.109  2.731     1.069   8.535
> # 他モデルの推定はオプション利用
>
```

　x1, x2,…は個々の独立変数であり，主効果項となります。x1*x2 は交互作用項です。掲載された数値は真の偏回帰係数として推定された値であり，1万回の推定による1万個の偏回帰係数のメディアン及び95%確信区間を表しています。偏回帰係数の標本値は **b** で表しますが，これらの推定値は真値を示し $\overset{\text{ベータ}}{\beta}$ で表します。1万個の β の代表値として平均よりもメディアンを使用します（シミュレーション推定は正規分布を仮定しない）。

　たとえば上掲出力で変数 x1 の真の偏回帰係数は β_{median} = 0.214（以下，*median* 省略）です。これは変数 x1（職場の明るさ）が1ポイント上がると，従属変数Y（スタッフの革新性）が 0.214 ポイント上がるという影響力を意味しています。0.214 はプラスの値なので一方が上がると他方も上がるという正の相関になります。

　ただし，選出モデル内に交互作用 x1*x2 が存在していますから，その交互

作用に含まれた x1 の主効果は取り上げることができません（分散分析デザインの交互作用の見方参照，p.139）。したがって交互作用に含まれる変数 x1 と x2 の偏回帰係数（βs = 0.214, 0.602）をそのまま解釈することはできません。

交互作用に含まれずに"生き残っている"主効果 x4 は取り上げることができます（β = 0.738）。しかしながらその95％確信区間-0.101 〜 1.534 が 0 を含んでいますので，β = 0（影響力 = 0）となる場合があり，実質的な影響力があると確定することが残念ながらできません。

さらに交互作用 x1*x2 の β = -0.455 も実は解釈困難です（3次元図をイメージする必要がある）。本例の分析はここでストップします。『結果の書き方』の最後には下のようなメッセージが出力されます。

> ⇒交互作用モデルが選出された場合，事後分析はサポートされていません。
> その場合，STAR 画面に戻りステップワイズ回帰分析を実行してください。

回帰モデルの交互作用を分析するには**単純傾斜分析**という手法を用いますが，R パッケージ BayesFactor においてはサポートされていません。他のパッケージ（brms など）では3次元の交互作用図を2次元図に描いてくれるものがありますが，そこから **BF** 値の検定あるいは MCMC 推定にリレーするのは作業量が多すぎてコストパフォーマンスが悪いように思われます（上級者の領分）。そこで，従来版のステップワイズ回帰分析を使用することにします。同プログラムは（**p** 値を用いた）単純傾斜分析の検定を自動化しています。演習 9b で実践してみることにしましょう。

『結果の書き方』としては，最後に多重共線性について危険性がないことを確認し終わります（下線部**エ**）。**多重共線性**（multicollinearity）とは独立変数同士の相関が強く，偏回帰係数の推定が不正確になる現象を指します。たとえばモデル"Y = x1 + x2"において（本当は）Y に対して x1 の影響力が小さく x2 の影響力が大きいというときに，もし x1 と x2 の相関が強いと x1 の影響力と x2 の影響力が混ざり合い x1 の偏回帰係数を（本来の実力以上に）不当に大きく推定することが起こります。こうした多重共線性を防ぐには，相関の強い独立変数同士の一方を分析から外す対策をとります。そのとき，ど

の変数が多重共線性を起こしているのかを示してくれるのが，VIF（variance inflation factor, 分散拡大要因）という指標です。VIF が今回どの独立変数についても $VIFs < 1.42$ であったことを下線部**エ**で確認しています（$VIF < 2$ 良好，$VIF < 5$ 許容，$VIF > 10$ 危険）。

　今回のベイズファクタ分析は，スタッフの革新性を予測する有力なモデルとして"革新性＝明るさ（x1）＋温かさ（x2）＋自由さ（x4）＋明るさ×温かさ"を選出した…という知見で報告を閉じることになります（下線部**ウ**の偏回帰係数の推定結果は参考提示とする）。この選出されたモデルを演習 9b において利用し，未着手の交互作用の分析を行うことにします。

9.3　統計的概念・手法の解説 1

※『〈全自動〉統計』との重複割愛

●初期モデルの選び方と独立変数の上限数

　STAR 画面の［初期モデル：］のオプションは次の 3 通りある：「主効果モデル」「交互作用モデル」「ユーザー作成モデル」。

　このうち「主効果モデル」は，Y ＝ x1 ＋ x2 ＋ x3 ＋…のように独立変数を単独で並べたものであり，Y を予測するのに x_i の主効果（＝単独効果）のみを想定したモデルである。「主効果モデル」を選ぶとすべての独立変数が主効果項として初期モデルに入る。主効果オプションでは計算容量の限界を考慮して［独立変数の個数：］は 8 個までが実用上の最大数である（時間不問なら超えるも可）。

　「交互作用モデル」を選ぶと Y ＝ x1 ＋ x2 ＋ x3 ＋ x1*x2 ＋…のように一次の交互作用（x1*x2）をモデル内に組み込む。交互作用 x1*x2 は，独立変数 x1 の影響が他の独立変数 x2 の影響で強くなったり弱くなったりして一定にならないことを指す（分散分析デザインの交互作用と同じ）。「交互作用モデル」を選択するとコンピュータが最も有力そうな交互作用を自動的に探索し，一次の交互作用を 1 個だけモデル内に入れる。この探索のため主効果モデルよりも計算時間がかかる。交互作用オプションでは独立変数 x_i の個数は上限 5 個と考えたほうが賢明である（時間に加えて警告覚悟なら超えるも可）。

　「ユーザー作成モデル」のオプションはコンピュータにまかせず，ユーザー

自身がモデルづくりをする。演習 9b ではこれを実践してみよう。

●交互作用モデルの探索：ベイズファクタ回帰分析

　従属変数 Y を予測する独立変数 x_i についてはいくつかの候補を挙げること
ができるだろうが，それら x 同士の間の交互作用については特に仮説がないと
いう場合が多い。そんなとき，R 画面に表示される［オプション］を使うと参
考情報を提供してくれる（★印のオプション）。

```
> # ■オプション：[↑] ⇒行頭の#を消す⇒ [Enter]
.........
> # posX(モデル番号=2) # 交互作用モデル事後推定
> # sMod # 交互作用モデルの探索（交互作用指定時のみ）★
> # write(txt,file.choose(),ap=T)#結果のファイル保存
>
```

　オプションの実行の仕方は上辺に記されている。他のやり方として，そのオ
プションの行頭の "#" を除いて右側全部を【コピー】→その場所で【右クリッ
ク】→【ペースト】→キーボードの【Enter】を押す…という操作も簡単である。
また R 画面に sMod と直接入力すればもっと簡単である。以下のような参考
情報を表示する。

```
> sMod
        初期モデル（: → *）       BF   VIF´  R^2  ad_R^2
1 Y~ x1+x2+x3+x4+x1:x2   1.923 1.424 0.762  0.564
2 Y~ x1+x2+x3+x4+x1:x3   0.619 1.284 0.581  0.232
3 Y~ x1+x2+x3+x4+x1:x4   0.608 1.336 0.577  0.225
4 Y~ x1+x2+x3+x4+x2:x3   0.579 1.383 0.567  0.205
5 Y~ x1+x2+x3+x4+x2:x4   1.555 1.375 0.736  0.515
6 Y~ x1+x2+x3+x4+x3:x4   1.115 1.366 0.688  0.428
>
```

※R 表記の x1:x2 は x1*x2 の交互作用を表す。

1行めのモデルが **BF** = 1.923 で最大であり，このモデルを初期モデルとすることが推奨される。実際，コンピュータもこの1行めのモデルを用いて分析を始める。

　5行めが次点なので，それを**ユーザー作成モデル**で使ったり，または x1*x2 と x2*x4 の2個の交互作用を組み入れたりすることもできる（自動的には交互作用を1個だけしかモデル内に入れない）。なお，二次の交互作用（x1*x2*x3 のような）を入れることもできるが，それが選出された場合はやはり分析できない。二次の交互作用が有望でないことを証明する予備的な分析（選出モデルに二次の交互作用が入って来ないことを事前に確認する）として入れる以外は勧められない。

● **BF** 値による回帰モデルの選出率

　回帰モデルは前章の分散分析モデルとほとんど同じ形式をとる。下の表の左右の式を見比べていただきたい（1要因 As と 2要因 ABs の例）。

分散分析モデル	回帰（分析）モデル
As ：data = A	Y = x
ABs: data = A + B + AxB	Y = x1 + x2 + x1*x2

　両モデルとも左辺はデータであり，右辺は要因A・Bを変数 x1・x2 に換えただけである。違いは一点，すなわち分散分析モデルの要因は2値・3値に固定されるが（要因A = 2 水準，要因B = 3 水準のように），回帰モデルにおける変数 x1・x2 は値が固定されない。たとえば分散分析の要因として「気温」は2水準なら高温・低温に固定される。しかし回帰分析の変数としての「気温」は無限小〜無限大の℃である。

　それゆえ回帰モデルは分散分析モデルに"落とす"ことができる（無限連続量を有限数の水準に落とす）。一方，回帰分析は曲線的相関を扱えないが，分散分析は変数「気温」を3水準に落とせば曲線的落差を検定できる。人間にとって快適さは気温と直線的相関を示さない。しかし気温を高温・中温・低温の3水準に固定すれば，快適さの逆Ｖ字形の有意差が得られるだろう。

　分散分析モデルと回帰モデルは，このように要因または変数の固定か否かの

違いでしかなく分析の原理（null モデルとの対比）は同一である。R 画面で回帰分析プログラム実行後に **ky** と入力すると，下のような出力が表示される。

```
> ky
Bayes factor analysis
--------------
[1]  x1                       : 1.208    ± 0%
[2]  x2                       : 0.6116   ± 0%
[3]  x1 + x2                  : 0.77515  ± 0%
[4]  x1 + x2 + x1:x2          : 1.224    ± 0%
 :
[14] x1 + x2 + x1:x2 + x4     : 3.6105   ± 0%
[15] x3 + x4                  : 0.95316  ± 0%
[16] x1 + x3 + x4             : 0.91511  ± 0%
[17] x2 + x3 + x4             : 1.0581   ± 0%
[18] x1 + x2 + x3 + x4        : 0.8837   ± 0%
[19] x1 + x2 + x1:x2 + x3 + x4 : 1.9233  ± 0%

Against denominator:
  Intercept only
---
Bayes factor type: BFlinearModel, JZS
```

　これは回帰モデルの **BF** 値の原出力であるが，Chapter 7 の分散分析モデルの原出力（pp.156-157）と同一形式である。各モデルの **BF** 値は null モデル（上記の **Intercept only** モデル＝定数項モデル）との対比になる。この null モデルとの対比において，モデル［14］が最も大きい倍率を示したので（**BF** = 3.6105），それがトップモデルとなり選出された。

　分散分析デザインの場合，この原出力から主効果・交互作用（特定の説明項だけ）に注目してそれらの **BF** 値を平均化した。回帰分析デザインの場合は，この原出力をそのまま利用する。すなわち説明項単位ではなくモデル単位で直

接評価する。**BF**値は，各モデルが無効果モデル（null モデル）に対して何倍有力であるかを示すと同時に，あるモデルが他のモデルより何倍有力であるかを推移的に示す。こうしてトップモデルと第2位以下のモデルとの優劣比較も簡単にできる（R画面の出力「最上位モデルと下位モデルの対比」参照)。

9.4　交互作用の単純傾斜分析

　STAR画面の【回帰分析】メニューは，［☑ベイズファクタ］のチェックを外せば**ステップワイズ回帰分析**を実行します。先の例のベイズファクタ分析では設定可能な全モデルを1回で一括分析しましたが，ステップワイズ方式は何回かに分けて1ステップ1変数ずつ説明項を増やしたり減らしたりしてモデルをつくります。どちらも有力なモデルを選出しようとする目的は同じです。

　ただ，ステップワイズ回帰分析は，演習9aでストップした交互作用の事後分析（単純傾斜分析）を自動化しています。そこで，ベイズファクタ分析で検出した交互作用について，こちらでさらに探究してみましょう。

> **演習 9b**　　**明るさ×温かさの交互作用を分析する**
>
> 　スタッフの革新性を職場風土4要素で予測する回帰モデルを，ステップワイズ回帰分析によって探索しなさい。データは Table 9-1 を用いること。

　データは演習9aと同じです。演習9aのベイズファクタ分析が実行終了した時点（p.181 の操作手順⓭）から続けて操作することにします。ここではモデルを手づくりする演習を体験しましょう。

●操作手順

　⓮STAR 画面に戻り［初期モデル：ユーザー作成］を選択する
　　→次のようなモデル作成コーナーが表示されます。

● Rオプション ●

初期モデル： ユーザ作成モデル ▼

x1	x2	x3	x4					
+	:							Del

Y ～ x1 + x2 + x3 + x4 + x1:x2

情報量規準： BIC ▼
多重比較のp値調整法： BH法 ▼
☐ ベイズファクタ 【 パッケージ BayesFactor が必要 】

計算！

⑮ ［Y～ x1 + x2 + <u>x3</u> + x4 + x1:x2］と入力する
→演習 9a でトップモデルであった "Y～ x1 + x2 + x4 + x1:x2" をつくること
にします。そこに入っていなかった変数 x3 も組み込みます（上図のよう
に）。分析対象の独立変数は（不良項目でない限りは）基本的にすべて使
用するようにします（周辺性原理による）。
モデル作成の入力は，画面に表示されるキーパネルをクリックしてもよい
ですし，キーボードから直接に入力してもOKです（必ず半角英数字で）。
交互作用はR表記で "x1 : x2" となります。そこだけ注意してください。

⑯ ［☑ベイズファクタ］のチェックを外す
→これでベイズ版ではない従来版のステップワイズ回帰分析が出力されま
す。そのほかの設定［情報量規準：BIC］と［多重比較の p 値調整法：BH 法］
はそのままでかまいません。

⑰ 【計算！】をクリック
→［手順 3］枠にプログラムが出力されます。

⑱ ［手順 3］枠上辺の【コピー】をクリック
→［手順 1］［手順 2］は一度実行しているので飛び越しOKです。

⑲ カーソルをR画面に移し【右クリック】→【ペースト】する
これでステップワイズ回帰分析が実行されます。

9.5 『結果の書き方』 ステップワイズ回帰分析

修正要領は『〈全自動〉統計』と重複しますので割愛します。修正は主に語
句の置換で，x1 →「明るさ」，x2 →「温かさ」，Y 推定値→「革新性得点」と

置換するくらいです。『結果の書き方』の交互作用の分析（単純傾斜分析）の部分だけをレポート例として以下に示します。

▢ レポート例 09-1：単純傾斜分析の結果

　結果として，一次の交互作用については，<u>職場風土の明るさ（x1）×温かさ（x2）の交互作用が有意であった</u>（b=-0.630, t(7)=-2.933, p=0.021, β=-0.621）ア)。
　<u>単純傾斜分析の結果（Fig.9-1 参照）</u>ィ)，偏回帰係数の有意性検定（a = 0.15，両側検定）によると，明るさ低水準（暗いと感じた人たち）における温かさの偏回帰係数が有意であり（b = 1.165, t(7)=3.105, *adjusted p* = 0.034），温かさ低水準（暗い・冷たい群）よりも温かさ高水準（暗い・温かい群）の革新性得点が有意に大きかった。これに対して明るさ高水準（明るいと感じた人たち）における温かさの偏回帰係数が有意でなかった（b=-0.574, t(7) =-1.286, *adjusted p* = 0.318）。
　一方，温かさ低水準（冷たいと感じた人たち）においては明るさの偏回帰係数が有意であり（b=1.928, t(7)=3.341, *adjusted p* = 0.034），明るさ低水準（暗い・冷たい群）よりも明るさ高水準（明るい・冷たい群）の革新性得点が有意に大きかった。これに対して温かさ高水準（温かいと感じた人たち）における明るさの偏回帰係数が有意でなかった（b=-0.256, t(7) =-0.580, *adjusted p* = 0.580）。

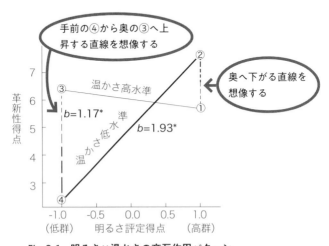

Fig. 9-1　明るさ×温かさの交互作用パターン

レポート例の下線部**ア**で，演習 9a と同じく交互作用 "x1*x2" の偏回帰係数が有意であることが判明しました（**b** = −0.630, **p** = 0.021）。そこで下線部**イ**から以下，**単純傾斜分析**（simple slop analysis）を行います。Fig. 9-1 を見ながら次の要領で読み取ってください。

*明るさと温かさの各平均 ± 1**SD** の位置に群をつくる
　→ Fig. 9-1 に示した①〜④の 4 群が出来ます。この 4 群は職場の雰囲気について，①明るい・温かい（と感じた）群，②明るい・冷たい群，③暗い・温かい群，④暗い・冷たい群となります。
*各 4 群を線でつないだ回帰直線を想像する
　→ Fig. 9-1 で各群の間に 4 つの直線（回帰直線）を引きます。それらの傾き（＝傾斜）が偏回帰係数（**b**）に当たります。その傾きが偶然の傾きではない（偶然に傾く以上に傾いている）と判定されれば有意であり，群と群をつないだ回帰直線が水平ではなく有意な高低差を示していることになります。
*群間の回帰直線の傾きを検定する
　→ Fig. 9-1 に引かれた 4 本の回帰直線と，下段に掲載した 4 回の検定結果を対応づけてください。検定の結果，有意であった偏回帰係数 **b** が Fig. 9-1 に表示されています。**b** の表示がない回帰直線②−①は傾きがマイナスであり（**b** = −0.574），手前から奥へ下がっていますが，有意ではなかったということです（次ページの出力中★1, **adjusted p** = 0.319）。同様に群間③−①の回帰直線も左から右へ下がっていますが，偶然によく生じる程度の傾きであり有意ではありません（出力中★2, **b** = −0.256, **adjusted p** = 0.580,）。総合すると，上位に 3 群が集まっていて，ひとり，群④の革新性得点が低かったようです。

```
＞tx6 # 単純傾斜分析（両側検定，α =0.15 推奨）
                   低 _Y   高 _Y  偏回帰b     t 値  adj_ p
x1 低の x2 低高   2.3470 6.3818    1.1647   3.1047 0.03440
```

```
x1 高の x2 低高   7.6641 5.6760   -0.5739 -1.2864 0.31893 ★1
                 NA     NA       NA      NA      NA
x2 低の x1 低高   2.3470 7.6641    1.9279  3.3407 0.03440
x2 高の x1 低高   6.3818 5.6760   -0.2559 -0.5802 0.58000 ★2
>
```

　以上の単純傾斜分析について『結果の書き方』には，上の4検定に対応する
4つの知見が述べられています。すなわち，下線部イ以降，4本の回帰直線の
傾きが有意か否かによって交互作用のパターンを確定しているわけです。実験
手続きとして特に4群を設置したということではなく，これは従属変数Yに対
して2つの独立変数の影響が交互作用(クロス)することを証明するための便法です。

　結論として，職場に対して最もネガティブな④暗い・冷たい群がやはり最も
革新性得点が低くなりました。あとの3群はそれよりも上位に固まりました。
そのように交互作用が有意のときは，Fig. 9-1から明らかなように回帰直線が
交差(クロス)するのです。

　このクロスの原因は，②暗い・温かい群の人たちです。この人たちは職場を
見渡して"みんな暗いなぁ"と感じていても本人の革新性は低下しないという
ことなのか，あるいはチーム全体が暗くても（誰かに受容されている）温かさ
があれば暗さを払拭できるということなのか，いずれかが示唆されます。

※架空のデータです。

　今回，革新性だけを評価しましたが，チーム全体のパフォーマンスは革新的
スタッフだけではなく適応的スタッフとのバランスに依存することが知られて
います。人材評価の実用的尺度として長らく使われてきた Kirton（1976）の
Adaption-Innovation Inventory によると，adaptors（適応派）は物事をより
良くやろうとし（do things better），innovators（革新派）は物事を今までと違っ
たふうにやろうとする（do things differently）といわれます。両者のスタイ
ルに影響する職場風土の要素としてスタッフ間の対話や交流，また周囲の受容
的態度，目標への連帯意識，職場における束縛・評価の無さなどが取り上げら
れ研究されています。今回の4要素「明るさ」「温かさ」「まとまり」「自由さ」

はそれらに対応する評定項目として取り上げたものです。

※ Kirton, M. (1976). Adaptors and innovators: A description and measure. *Journal of Applied Psychology*, *61*(5), 622-629.

9.6 統計的概念・手法の解説2

●交互作用モデルの探索：ステップワイズ回帰分析

　従来版のステップワイズ回帰分析においても，有力な交互作用を探索する参考情報をR画面のオプション【交互作用の探索】で提供している。R画面のオプション・リストを使うか，あるいはR画面に直接 stwM と入力すると出力される（見方は pp.187-188 参照）。初期モデルを主効果モデルに設定した場合もこの交互作用の情報は提供される。主効果のはびこる人間社会は尋常ではない。積極的に交互作用の検出に利用していただきたい。

●ベイズ情報量規準とベイズファクタ

　ベイズ回帰分析と違ってステップワイズ回帰分析は *p* 値を用いているが，正確には"非ベイズ"ではない。実はモデル選出には最尤法と（初期設定では）ベイズ情報量規準（*BIC*, Bayesian information criterion）を用いている。最尤法はデータの出現確率（尤度）を最大に予測しようとする手法でベイズ推定と同じ発想である（最尤法は1回推定，ベイズファクタは反復推定）。また，情報量規準 *BIC* もベイズ統計量の同族であり，近似的に *BF* 値にも変換可能である。

　両者の違いはモデルの選出方式の違いとみることもできる。ベイズファクタによる回帰分析はステップワイズ方式ではなく，いわば"*BF* 値最大化"方式である。すなわち，設定可能な全モデルの一括分析を行い *BF* 値最大のトップモデルを選出する。従来版の回帰分析も"R^2 最大化"という同じ方式があるが，膨大な計算量に見合うコストパフォーマンスが悪く（あまり異なる知見が得られない），情報量規準の登場以降はステップワイズ方式が標準とされてきた。

　ただし，ステップワイズ回帰分析では，情報量規準が選出したモデルについて（情報量規準は相対的指標にすぎないゆえに）決定係数 R^2 の有意性を検定

する。それをもって選出モデルの可否の最終判定を行う。そこが"非ベイズ"
である。こうした情報量規準によるステップワイズ方式と **BF** 値最大化の一括
分析方式では，どの程度，（最終）モデルの選出に違いがあるだろうか。シミュ
レーションにより比較してみよう。

N = 100 として 2 変数の交互作用モデル（Y = x1 + x2 + x1*x2）及び 3 変
数の主効果モデル（Y = x1 + x2 + x3) を初期設定し，正規乱数シミュレーショ
ンを行った結果が下の Table 9-3 である。

Table 9-3　*p* 値と *BF* 値の有意・有効判定数

初期モデル	(R^2 の検定)		
	$p < .05$	$p < .01$	$BF \geq 3$
Y =x1+x2+x1*x2	796	258	379
交互作用選出数	158	40	42
Y =x1+x2+x3	1000	318	498

注）数字は *BIC* で選出した 1000 モデル当たりの最終判定数。

掲載されている数値はモデル選出数であり，情報量規準 **BIC** が一次選出し
た 1000 モデル当たりの最終判定数である。たとえば交互作用モデルを設定し
た最上段のケースでは情報量規準 **BIC** が選出した 1000 モデルのうち，モデル
決定係数 R^2 が "$p < .05$" で有意として最終判定されたモデル数は 796 モデル
であった…と読む（**BIC** 選出の約 200 モデルは有意でなかった）。同じデータ
に対して"$BF \geq 3$"で有効と判定されたモデル数は 379 である。つまり"$p < .05$"
のモデル選出に比べて"$BF \geq 3$"のモデル選出は半分以下に減る（796 → 379）。
特に，そのうち交互作用が含まれているモデルの数はさらにその約 4 分の 1 に
減る（158 → 42）。すなわちベイズファクタによる交互作用モデルの選出数は
かなり少ない。

初期設定を主効果モデル（Y =x1+x2+x3）とした場合では（Table 9-3 下
段），情報量規準 **BIC** による選出数と "$p < .05$" の選出数は完全に一致する（=
1000 モデル）。しかしながら，やはり "$BF \geq 3$" による選出数はほぼ半分に
落ちる（= 498 モデル）。しかしモデル説明率 R^2 の有意水準を "$p < .01$" に
すると，今度は BF 値によるモデル選出のほうが 1.5 倍前後 "甘い判定"にな
る（258 → 379, 318 → 498）。

こうした *p* 値と **BF** 値による成果の違いについて「薄弱な証拠しかないモデルが多数選出されている」とみるか，「追究されるべきモデルが多数見過ごされている」とみるかは，それこそ研究者の洞察力による。それなしでは方法に振り回されるだけだろう。

　技術的には，見えないものが見えてくるほうがよい。心理・社会事象は交互作用がふつうに起こるので，主要な研究はむしろ交互作用の解明がねらいになる。非心理・非意識的メカニズムの研究領域における事象の予測ならば（おそらく物理的・機械的摂理からすると）弱小の交互作用を残すよりも強大・強力な主効果モデルをねらうべきだろう。もともと回帰分析は探索的であり，そのように研究領域固有の因果モデルの発見的成果を求める手法として使われるものである。

※以前の js-STAR のバージョン XR では，交互作用モデルの探索において全独立変数を組み合わせた交互作用すべてを初期モデルに入れていましたが，現行の XR＋の回帰分析では有力な交互作用を 1 個選択して初期モデルに入れるように変更しました。前バージョンをダウンロードされているユーザーはあらためて XR＋をダウンロードし直すか，または常時 js-STAR サイトにアクセスし最新のメニューで分析するようにしてください。

これまで取り上げた分析メニューのほとんどには，下図のような【シミュレーション】ボタンが付いています。

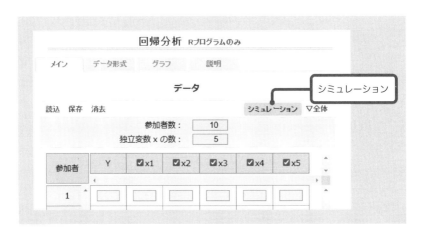

この【シミュレーション】ボタンをクリックするだけで，コンピュータが一様乱数または正規乱数のデータを発生し，自動的にそのデータを STAR 画面に入力して計算，そしてRプログラムを出力します。ユーザーは出力されたRプログラムをコピーしてR画面に貼り付けるだけです。それだけで簡単に分析演習を行うことができます。

STAR 画面の『Rオプション』の［□ベイズファクタ］にチェックを入れなければ p 値使用のRプログラムを出力し，チェックを入れれば BF 値使用のRプログラムを出力します。

発生するデータは完全に無作為ですので，いわば帰無仮説の母集団から標本抽出していることになり，なかなか有意・有効な結果は得られないでしょう。有意水準5％として20回のシミュレーションを行うとして1個の $p < 0.05$ が得られるかどうかという確率です。ベイズファクタなら，$BF \geqq 3$ を得るのにさらに多数回のシミュレーションが必要になるでしょう。なるべく少ない回数で有意・有効となるデータを発生するという "競争" をしてみてはどうでしょうか。帰無仮説を棄却し対立仮説を採択することがけっこう難しくて大変なことなのだということが実感できると思います。

Chapter

10

各種ユーティリティ

　この章では，js-STAR_XR＋（プラス）をより便利に活用するための〝お助けメニュー〟を紹介します。全部で 12 本あります。他の表計算ソフトでも同様の処理は可能ですが，このユーティリティを使えば面倒な数式が必要ないので誰でも簡単に利用できます。STAR 画面のサイドメニューのかなり下のほうに［ユーティリティ］の見出しがあり，以下のメニューリストが表示されています。

● **乱数発生**

　範囲や数を設定して，乱数や連番を出力することができ，簡単に練習用・例題用のデータを作成することができます。

● **階級化集計**

　基本統計量として，平均や標準偏差などを計算します。度数分布表とヒストグラムを作成し，データの分布を確認することができます。

● **数値変換（角変換・対数変換 etc.）**

　次の 8 種類の数値変換を行うことができます。角変換，対数変換，開平変換，逆数変換，加法変換，べき乗変換，単位変換，標準化。

● **逆転項目処理**

　逆転項目または**反転項目**とは，アンケート調査において評定尺度のポイント（段階）が他の項目と逆方向になっている項目のことです（後述 p.211 参照）。逆転項目は「どれも右側に○を付けよう」というような惰性的な回答を防いだり，評定意識を覚醒させたりするために用いますが，データ処理の際に他の項目と肯定 – 否定方向を合わせるために得点化し直さなければなりません。そういうときにこのメニューを使います。

- **欠損値処理**

　アンケートの回答を入力するとき，回答されていない項目が時々生じ，値を与えることができません。これを欠損値といいます。欠損値の処理には，回答者単位でデータを取り除いたり，あるいは欠損値に平均値などを充当したりするなどのオプションがあります。

- **スペース・タブ変換**

　スペースで区切られたデータを，タブで区切られたデータに変換します。タブ区切りのデータにすると，表計算ソフトのセルに直接貼り付けることができるようになります。

- **度数集計／基本統計量**

　回答者×項目（変数）のデータ行列を与えると，列ごとの度数集計と基本統計量を計算します。出力される基本統計量は，総数，平均，標準偏差（不偏分散の平方根），最大値，最小値，中央値，尖度，歪度です。

- **データマージ**

　複数のデータを対応づけて結合（マージ）するためのユーティリティです。結合のキーとなるデータ，たとえば番号や名前をもとに，同一回答者の複数行に存在するデータを1人1行の"鉄則"で単一行に結合することができます。

- **クロス集計 i × J**

　回答者×項目のデータ行列を与えると，すべての項目を総当りでクロス表に集計します。

- **無作為抽出**

　行単位で指定した数のデータを抽出します。全行の並び替えも可能です。

- **行列入れ替え**

　データ行列の行と列を入れ替えます。項目を行に置いて回答者を列に置いてしまった場合，回答者×項目のデータ行列に戻します。

- Rパッケージインストール

STAR 提供のRプログラムで必要となる9本のRパッケージ（本書 p.2 参照）を自動的に一挙にインストールするためのプログラムです。R本体をインストールしたあとで必ず実行してください。また，Rプログラムの実行に不測のエラーが生じたときはRパッケージの更新による場合がありますので，このユーティリティを実行してみてください。

この章では，上記前半の乱数発生，階級化集計，数値変換，逆転項目処理，欠損値処理の5つのメニューについて解説します。また，乱数の発生に特化したオリジナルの命令文（乱数コマンド）も紹介します。このほかのユーティリティについては，STAR 画面のサイドメニューの見出し［使い方］の下に【js-STAR の教科書】がありますのでクリックし，参考にしてください。

> **重要** 各ユーティリティに与えるデータは，半角スペース区切り，半角カンマ，タブ区切りのどれでもかまいません。ただし「数値変換」と「逆転項目処理」においては「データ行列」枠にデータを貼り付けたあと，必ず「データ行列」枠上辺の【整形】ボタンをクリックしてください。

10.1　乱数発生ユーティリティ＆乱数コマンド

▶▶①乱数発生ユーティリティ

【乱数発生】ユーティリティを使うと，簡単に練習用のデータを作成することができます。範囲や個数を設定して，乱数や連番を出力します。オプションとして「一様乱数」「正規乱数」「連番」があります。

●操作手順

❶ユーティリティ・メニューの【乱数発生】をクリック。

❷［分布：］のオプションを選択する

［分布：一様乱数］は一様分布を仮定し，無作為に値を出力します。

［分布：正規乱数］は正規分布を仮定し，無作為に値を出力します。

［分布：連番］は整数の数直線を仮定し，順番に値を出力します。

以下，分布のオプションにより設定事項が異なります。

乱数発生

データ設定

❸ 分布：[一様乱数 ∨] ❹
縦(N行)：[10] ×横(変数列)：[2]
❺ 最小値：[0] 最大値：[1] 小数点以下：[3]
❻ □ 相関係数：[0]

❼ [計算！] □結果を右列に追加

〈一様乱数の設定〉 ※手順❻はスキップで $r = 0$ と仮定
❸ ［縦（N行）：］→行数を入力する
❹ ［横（変数列）：］→変数の個数を入力する
❺ ［最小値：］，［最大値：］，［小数点以下：］の桁数を入力する
❻ ［□相関係数］→チェックして−1〜1の値を入力する
❼ 【計算！】→「結果」枠上辺の【コピー】をクリック

データ設定

❸ 分布：[正規乱数 ∨] ❹
縦(N行)：[10] ×横(変数列)：[2]
❺ 平均：[0] 標準偏差：[1] 小数点以下：[3]
❻ ☑ 相関係数：[0.7]

❼ [計算！] □結果を右列に追加

〈正規乱数の設定〉 ※手順❻はスキップで $r = 0$ と仮定
❸ ［縦（N行）：］→行数を入力する
❹ ［横（変数列）：］→変数の個数を入力する
❺ ［平均：］，［標準偏差：］，［小数点以下：］の桁数を入力する
❻ ［□相関係数］→チェックして−1〜1の値を入力する
❼ 【計算！】→「結果」枠上辺の【コピー】をクリック

〈連番の設定〉 ※初期設定は 1 ～ 10 を出力する

❸ ［開始：］［終了：］の値を入力する

❹ ［間隔：］の幅を入力する

❺ 【計算！】→「結果」枠上辺の【コピー】をクリック

　以上の操作で，乱数や連番を保有した状態になるので，適宜それをペーストして使用します。

▶▶②乱数コマンド

　乱数発生ユーティリティの画面に来なくても，STAR オリジナルの**乱数コマンド**を使えば，分析メニューを選んだあとに乱数を発生させ，その場で使うことができます。データ入力画面のテキストエリア（セル・レイアウトの場合は下部の"小窓"をクリックすると出現）に直接にコマンドを入力します。コマンドは unif（ユニフ）と norm（ノゥム）の 2 つがあり，次のような書式で使います。コマンドはすべて半角英数字です。

●一様乱数コマンド unif（ユニフ）

　unif 最小値：最大値　＊行数　＊列数（列数＝ 1 のときは省略可）

　例）unif 1：5*10*3（1 ～ 5 の乱数を行 10 ×列 3 で発生）

　　　unif 1：4*5　　（1 ～ 4 の乱数を行 5 ×列 1 で発生）

　　　unif 1：2*8*2 + unif 1：5*8*3（＋で組み合わせ可）

●正規乱数コマンド norm（ノゥム）

　norm 平均：標準偏差　＊行数　＊列数（列数＝ 1 のとき省略可）

※平均の値の小数点以下の桁数で，小数点以下第何位までを出力するかを自
　動的に決定します。たとえば平均を3と書くと整数を出力し，3.0と書く
　と3.7, 3.1,…のように出力します。

例）norm 0 ：1*10*2 （整数の正規乱数を発生）

　　norm 0.0：1*10*2 （小数点以下第1位の正規乱数を発生）

　　norm 50：10*12 + norm 60：15*12 （＋で組み合わせ可。列を追加）

　　unif 1：5*10 + norm 50：10*10*2 （unifとの組み合わせ）

<table>
<tr><td align="center">練習問題</td></tr>
</table>

　生徒20名を対象に男女（2）×悩みの有無（2）を調べたとする。$N = 20$
人を男性＝1，女性＝2，悩みの有無を有り＝1，無し＝2としたデータを模
擬的に発生させてみよう。そして2×2表に集計し分析してみよう（20人×
2列の乱数を発生させ，1列めを男女，2列めを悩みの有無にします）。

●操作手順

❶【2×2表（Fisher's exact test）】を選ぶ

❷セル・レイアウトの下の小窓をクリック→テキストエリアになる

❸ unif 1:2*20*2 と入力し【Enter】を押す→1, 2を20行×2列で発生

❹テキストエリア右下の【代入】をクリック→自動集計されてセルに入る

❺【計算！】ボタンをクリック

N = ☐

unif 1:2 *10 *2

乱数コマンドを直接入力し
【Enter】を押す
※一様乱数　1, 2を10行×2列

代入

10.2　階級化集計ユーティリティ

　統計分析を始めるとき，データの分布形を確認する必要があります。【階級化集計】ユーティリティは度数分布表とヒストグラムを作成し，データの分布を確かめることができます。また基本統計量として平均や分散などを計算します。出力する統計量は，個数，総和，平均値，分散，*SD*（標本標準偏差），最小値，最大，70%レンジ，50%レンジ，メディアンです。

練習問題

　下記の児童（$N = 40$）の身長のデータについて階級化集計を行いなさい（データは『ベイズ演習データ』10.2 にあります）。

145.7	155.7	139.9	132.9	143.0
138.6	138.6	144.6	153.1	153.1
158.4	148.4	152.3	149.6	149.6
140.4	141.6	141.6	138.3	138.3
145.2	144.4	144.4	143.5	144.5
144.4	158.1	150.0	158.1	149.8
152.3	149.6	150.1	150.0	136.4
149.2	149.6	149.2	150.1	144.5

※階級化集計は行列形式のデータを扱いません。上のように5列に書いても全データを1標本とみなします。データ行列を与えて列ごとに集計したいという場合はユーティリティ・メニューの中の**【度数集計／基本統計量】**を使用してください。

●操作手順

　❶ユーティリティ・メニュー【階級化集計】をクリック

　❷「データ」エリアにデータをペーストする

　❸【標本範囲】をクリック→集計範囲・階級数・階級の幅が自動設定される

　❹【集計！】をクリック→「結果」とヒストグラムを出力する

　❺「結果」枠上辺の【コピー】をクリック→結果を保有する

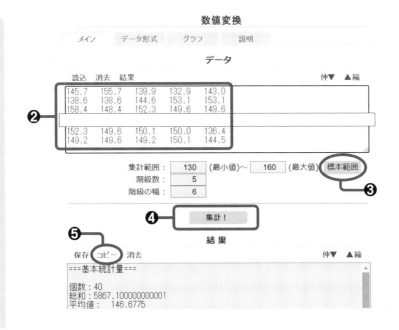

数値変換

メイン　　データ形式　　グラフ　　説明

データ

読込　消去　結果　　　　　　　　　　　　　　　伸▼　▲縮

145.7	155.7	139.9	132.9	143.0
138.6	138.6	144.6	153.1	153.1
158.4	148.4	152.3	149.6	149.6
152.3	149.6	150.1	150.0	136.4
149.2	149.6	149.2	150.1	144.5

❷

集計範囲：　130　(最小値)〜　160　(最大値)　標本範囲 ❸
階級数：　5
階級の幅：　6

❹　集計！

結果

❺
保存　コピー　消去　　　　　　　　　　　　　　　　伸▼　▲縮

===基本統計量===

個数：40
総和：5867.100000000001
平均値：　146.6775

　階級数・階級幅が決まっていなければ，手順❸のように【標本範囲】をクリックすると自動設定されます。それから階級数や階級幅を変更したほうがスムーズです。自動設定の階級数は Sturges（スタージェス）の公式を使い，集計範囲によって階級の幅を求めています。

　設定を変更して集計し直すと，新しくヒストグラムが出力されますが，ページのトップタイトル下の【グラフ】タブにヒストグラムの履歴が保存されています。タブをクリックし，複数のヒストグラムから最適なグラフを選ぶとよいでしょう。この例題では次のように設定すると良い形になると思います。

　［集計範囲：130 〜 160］［階級数：6］［階級の幅：5］。

10.3　数値変換ユーティリティ

　次の8種類の数値変換を行うことができます。角変換，対数変換，開平変換，逆数変換，加法変換，べき乗変換，単位変換，標準化。

与えるデータ形式は行列形式です。各列がデータ項目（または変数）となり，列単位で変換を行うか，行わないかを選択することができます。

練習問題 I

困難度の異なるテスト得点を標準化する

　数学定期テスト（満点 100）の生徒の得点が Table 10-1 のようになった。I学期は最高 65 点止まりだったが，2 学期は 80 点以上をとる生徒が出た。I学期のテストは 2 学期に比べると難しすぎたかもしれない。テスト得点を偏差値（平均＝ 50, *SD* = 10）に標準化しなさい（データは『ベイズ演習データ』10.3 にあります）。

Table 10-1　各生徒の得点

生徒	I 学期	2 学期
I	65	61
2	42	86
3	41	32
4	47	47
5	45	51
6	34	75
7	51	85
8	48	66
9	30	50
I0	47	58

●操作手順

❶【数値変換（角変換・対数変換 etc.）】ユーティリティをクリック

❷「データ」エリアにデータをペースト→【整形】をクリック
　→データの列 [☑ x1] [☑ x2] が表示されます（初期状態はチェック済み）。

❸変換しない列のチェックを外す（ここでは外さない）

❹【標準化】を選ぶ→ [平均＝ 50] [標準偏差＝ 10] と入力する

❺ [小数点以下：2] と入力する（初期値＝ 2）

❻【変換！】をクリック

❼「基本統計量」上辺の【コピー】をクリック→文書にコピペし保存する

❽「結果」枠上辺の【コピー】をクリック→変換値を保有した状態になる

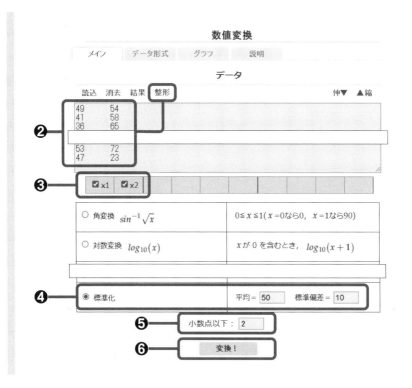

これで「結果」の枠内の標準化得点（いわゆる偏差値）を利用することができます。また，直前の手順❼で文書に保存した「変換前」「変換後」の基本統計量をレポートに掲載することができます（下記出力例）。

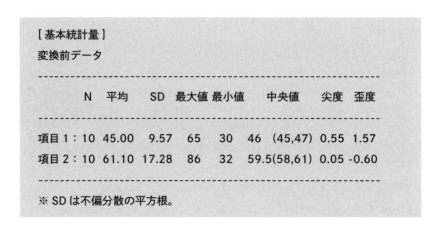

[基本統計量]

変換前データ

	N	平均	SD	最大値	最小値	中央値	尖度	歪度
項目1：	10	45.00	9.57	65	30	46 (45,47)	0.55	1.57
項目2：	10	61.10	17.28	86	32	59.5(58,61)	0.05	-0.60

※ SD は不偏分散の平方根。

```
変換後データ
-----------------------------------------------------------------
         N    平均    SD  最大値 最小値    中央値           尖度  歪度
-----------------------------------------------------------------
項目1:10 50.00 10.00 70.9 34.32 51.045(50, 52.09)  0.55  1.57
項目2:10 50.00 10.00 64.41 33.16 49.075(48.21,49.94) 0.05 -0.59
-----------------------------------------------------------------
※ SD は不偏分散の平方根。
```

　標準化変換は，困難度の異なるテストの得点を比べる場合や，先行研究に掲載された平均と *SD* から疑似的にデータを再現する場合等に使われます。ただし標準化したからといって正規化されたわけではありません。どんな数値でも標準化はできますが正規分布にはなりません。というより，もともと正規分布する可能性のないデータを標準化すること自体，無意味です。0 〜 10 の整数を標準化（平均 = 50, *SD* = 10）で変換し数直線上に並べてみてください。

練習問題2
2 ポイント尺度を 4 ポイント尺度に変換

　"Good-Bad" の 2 pt（pt ＝ポイント）の評価データについて STAR 実装の【自動評価判定（グレード付与）】（以下，グレード付与）を使ってグレード付けしたい。しかし【グレード付与】の評価段階の設定に 2 pt はない。2 pt データを 4 pt 設定に当てはまるように変換するには，どうしたらよいか。

　【グレード付与】プログラムでは評価段階 = 4 pt と設定すると 4, 3 を肯定評価，2, 1 を否定評価と定義します（下の尺度 I）。

この尺度Ⅰに2ptのデータを当てはめるという課題です。どうしたらよい
でしょうか。評価段階2ptの評価値は尺度Ⅱの上段のようになっています。
そこで数値変換を行い，尺度Ⅱの下段のように2→4，1→1と変換すればよ
いわけです。**【数値変換】**ユーティリティを使って元データを二乗しましょう。
元データは手順❷で乱数コマンドを使って発生させます（N = 10とする）。乱
数コマンドで発生させたデータはタブ区切りされているので**【整形】**をクリッ
クする必要はありません。

●操作手順

❶　**【数値変換（…）】**ユーティリティをクリック
❷　「データ」エリアに unif 1:2*10（一様乱数 1, 2 を 10 個）と入力する
❸　変換対象の［☑ x1］をチェックする（チェック済み）
❹　［○べき乗変換］をクリック→［累乗 a = 2］と入力する
❺　［小数点以下：0］と入力する
❻　**【変換！】**をクリック
❼　「結果」枠上辺の**【コピー】**をクリック→変換値を保有した状態になる

　これで「結果」枠の数値が4，1だけになったことを確認してください。これ
で**【グレード付与】**を起動し，評価段階 = 4ptと設定してデータを貼り付け
れば2ptの評価値についても統計的評価グレードを得ることができます。

練習問題 3
3 ポイント尺度を 5 ポイント尺度に変換

　　評価値 3ptのデータについてグレード付けしたい場合はどうしたらよいか。
【グレード付与】プログラムでは評価段階を 5pt に設定すると，5, 4 が肯定評価，
3 が中立，2, 1 が否定評価と定義されるので（下の尺度Ⅰ），3pt の評価値（尺
度Ⅱ）では肯定率＝ 0％となる。3pt データはどう変換したらよいか。

尺度Ⅱの上段の3, 2, 1を下段の5, 3, 1に変換するという課題です。やってみましょう。データは手順❷で乱数コマンドで発生させます（*N* = 10）。

●操作手順

❶ 【数値変換（…)】ユーティリティをクリック
❷ 「データ」エリアに unif 3:1*10（一様乱数 3, 2, 1 を 10 個）と入力する
❸ 変換対象となる列［☑ x1］のチェックを確認する（チェック済み）
❹ ［○乗法変換］をチェック→［乗数 a = 2］と入力する
❺ ［小数点以下：0］と入力する
❻ 【変換！】をクリック
❼ 「データ」エリア上辺の【結果】をクリック
　→❻の変換結果が「データ」エリアに転送されてきます。
❽ ［○加減変換］をクリックし［加減数 a = − 1］と入力する
❾ 【変換！】をクリック

「結果」枠の数値が5, 3, 1だけになったことを確認してください。これで「結果」枠上辺の【コピー】をクリックします。それから【グレード付与】を起動し，評価段階 = 5pt と設定すればグレード付けを実行できます。手順❼で，直前の変換結果を「データ」エリアへ転送する機能は，連続した変換を行いたい場合に大変便利です。Tips の一つとして覚えてください。

　※単に評価値3, 2, 1に1を足し4, 3, 2としても【グレード付与】プログラムは適正な純肯定率を計算します。上記操作は連続変換の例として挙げています。

10.4　逆転項目処理ユーティリティ

　複数の項目を分析するとき，ある項目を他の項目と逆に得点化する必要が出てきます。たとえば学校生活の満足度を「学校は楽しいですか」「授業はわかりますか」などの項目でたずねて肯定度を5〜1で回答してもらう場合，「いじめはありますか」に対する肯定度5〜1は逆転させる必要があります。こうした肯定・否定の方向を逆向きにした再得点化を【逆転項目処理】といいます。

　小学生に学校評価アンケートを実施した結果，以下のようなデータが得られた。項目4（だけ）が逆転項目である（項目の文面は脚注参照）。逆転項目処理を行いなさい（データは『ベイズ演習データ』10.4 にあります）。

ID	項目x1	x2	x3	x4	x5
児童 01	3	5	3	3	4
児童 02	3	4	3	1	5
児童 03	4	5	3	4	4
児童 04	2	1	1	3	5
児童 05	4	4	2	4	2
児童 06	3	1	1	4	3
児童 07	2	3	2	2	5
児童 08	4	5	3	2	5
児童 09	1	2	1	5	4
児童 10	3	5	4	4	4

注）数値は各質問に対する肯定度（＊は逆転項目）。
　　x 1. 学校は楽しいですか
　　x 2. 授業はよくわかりますか
　　x 3. 一緒に遊ぶ友だちがいますか
　　x 4. 学級内にいじめはありますか＊
　　x 5. 先生は話を聞いてくれますか

●操作手順

❶【逆転項目処理】ユーティリティをクリック
❷「データ行列」エリアにデータをペーストする→【整形】をクリック
❸逆転させる質問項目［□x4］をチェックする
❹［尺度の下限値：1］［尺度の上限値：5］を入力する
❺【変換！】をクリック
❻「結果」枠上辺の【コピー】をクリック→適宜ペーストして使用する

「結果」枠内の4列めだけ数値が逆転したことを確かめてください。

　手順❸で【Shift】キーを押しながらクリックすると，すべての変数のチェックを反転させることができます。

10.5 欠損値処理ユーティリティ

アンケート調査を行うと，項目の中に回答されていないもの（無回答）が含まれている場合が少なくありません。これを**欠損値**（missing value）といい，統計分析を行うとき事前に処理する必要があります。そのためには，まず［欠損値を表す記号：］を決めて（初期値 = NA），次に［充当する値・記号：］を決めます（初期値 = 平均値）。

オプションは以下の通りです。欠損値を表す記号として「その他」を選び，充当する値・記号として「任意の値」を選ぶと，欠損値も充当値もユーザーが自由に決めることができます。

- **[欠損値を表す記号：] のオプション**…NA，.（ピリオド），0, 9, -1，その他（ユーザーが任意に決める）
- **[充当する値・記号：] のオプション**…平均値，メディアン，NA，.（ピリオド），行削除，任意の値

練習問題

N = 10 名にアンケート調査を行った結果を入力し，下のデータリストのようになった。NA（not available）が欠損値を表す。以下の 3 つのオプションでそれぞれ欠損値処理を行いなさい（データは『ベイズ演習データ』10.5 でコピーしてください）。

変数	x1	x2	x3	x4	x5
S 1	5	3	3	3	3
S 2	2	5	2	5	4
S 3	3	2	4	5	4
S 4	NA	5	5	5	2
S 5	2	4	2	3	2
S 6	3	2	3	2	4
S 7	4	NA	4	1	5
S 8	1	3	2	4	1
S 9	4	4	1	4	NA
S 10	1	4	3	1	3

●オプション
平均値　　　：各変数の平均を欠損値に充当する
メディアン：各変数のメディアンを欠損値に充当する
行削除　　　：欠損値のある参加者の全データを削除する

●操作手順

❶【欠損値処理】ユーティリティをクリック
❷「データ行列」エリアにデータをコピペする
❸欠損値を表す記号，充当する値・記号のオプションを選択する
❹【計算！】をクリック
❺「結果」枠上辺の【コピー】をクリック

　これで欠損値処理後のデータを保有している状態になりますので，適宜ペーストして使用します。

付 録　　　統計分析の授業用シラバス（参考例）

　前著『〈全自動〉統計』と本書『〈全自動〉ベイズ』を用いた大学課程の授業案（シラバス）を例示してみます。両書とも単一科目の修了で"用なし"という本ではなく，全学年で他の専門科目を通して文献読解にも研究企画にも使えることを意図していますので，1冊の内容を1科目でマスターするというよりも統計分析全体の見取り図をつくるという授業方針が単独科目としての企画には適すると思われます。あとになって「これは確かあの本のあそこにあった」という情報の在処を思い浮かべられること，それを主要な達成目標とすることにします。そのように機会に応じて当該教科書を引っ張り出して学習し直すことこそが学習の本質です。「学習とは再学習の時間短縮である」が学習心理学の基本テーゼです。

　一例として『統計分析入門』（15回授業）と，それを前提とした『統計分析演習』（7回授業）という2本立てで編成することにします。1単元の講義とするバリエーションも以下付随的に例示します。

　まず『統計分析入門』では，教科書として前著『〈全自動〉統計』を用います。そして，度数の分析，平均の分析（実験計画法），相関の分析（多変量解析法）について一通り体験します。いわゆる「できる」を目指した体験学習です。これは p 値を中心とした方法になります。

　続く『統計分析演習』では，教科書として本書『〈全自動〉ベイズ』を用います。この続編の授業は p 値と BF 値を比較しながら p 値の復習，及び BF 値の習得を目指します。もちろん「できる」を先行させた授業になりますが，それに続けて「わかる」ためのシミュレーション学習へ随所で導ける節立てになっています（本書 Chapter 1・2・5・7・8）。

　このように2本立てにせず，ベイズファクタ・オンリーの授業編成もありえますが，これまで蓄積された先行研究の資産や BF 値の保守性から限定的普及に終わる見通しも斟酌すると，p 値の検定法に BF 値の検定法をプラスして単にバリエーションとして追加していく科目編成が適応的・実践的と考えられます。

　そこで，まず以下に前著の『〈全自動〉統計』を教科書としたシラバス例を示します。

科目名：統計分析入門

授業テーマ

データ分析の方法を体験し，科学的レポートを作成しよう

科目の概要

　統計分析ソフト"R"及び"js-STAR_XR＋"（プラス）の操作体験を通して，データ分析の代表的な手法である度数の分析，平均の分析（実験計画法），相関の分析（多変量解析法）を学習します。そうした実技ベースの学習活動によってデータ分析を独力で実行でき，かつ，その結果を読み取り科学的レポートを作成する力を身につけることを目指します。

　なお，インターネットに接続可能なパソコンが必要です。下記の教科書を参照し，開講前に"R本体"と"Rパッケージ"をインストールしておいてください（第1回の授業でサポートします）。js-STAR_XR＋はネット上で使用しますのでインストール不要です。例題用データは各回に配布します。

達成目標

・その手法を使うと，どんな知見が得られるかを言えること
・実際にデータ分析を実行して結果を得ることができること
・分析結果から何が実証されたか読み取ることができること
・分析のレポートを正式なものとして仕上げることができること

授業計画

第1回　オリエンテーションと1×2表の分析例
第2回　1×2表の分析：統計的仮説検定の仕組み
第3回　1×2表の分析：母比率不等の分析
第4回　1×J表の分析：カイ二乗検定と多重比較，p値調整
第5回　2×2表の分析：Fisher's exact test
第6回　i×J表の分析：i×Jのカイ二乗検定と残差分析
第7回　t検定：参加者間と参加者内のt検定

第 8 回　1 要因分散分析：As デザイン，sA デザイン，多重比較
第 9 回　2 要因分散分析①：基本例題／交互作用なし・主効果ありの例
第 10 回　2 要因分散分析②：応用問題／交互作用あり，単純主効果検定
第 11 回　相関係数の計算と検定：相関の検定，相関の強さの判定
第 12 回　回帰分析：主効果モデルと交互作用モデル，情報量規準
第 13 回　因子分析①：基本例題／因子数の決定，回転法，因子解釈
第 14 回　因子分析②：応用問題または学生提案のデータの分析
第 15 回　クラスタ分析：クラスタ数の決定

期末試験

　　データを出題し分析レポートを試験時間内に作成する試験（教科書・コンピュータの使用可）または期限付きのレポート提出のいずれかを課します。

教科書

田中　敏（著）『R を使った〈全自動〉統計データ分析ガイド』北大路書房
2021 年

参考書

田中　敏・中野博幸（著）『R を使った〈全自動〉ベイズファクタ分析』北大路
書房　2022 年

　　この『統計分析入門』の授業では，i × J × K 表の 3 次元度数分析，3 要因分散分析，SEM（構造方程式モデリング）をスキップしています。これら高度の手法は専門ゼミナールにおいて機会に応じて学べばよいでしょう。

　　全 15 回ではなくて半期の全 7 回で設計する場合は，授業計画を上記の第 1・2・6・7・8・11・12 回で組み立てると最小限の基礎がつくれるでしょう。

　　次に，続編の『統計分析演習』は本書『〈全自動〉ベイズ』を教科書として
7 回の授業で構成します。

科目名：統計分析演習

授業テーマ

ベイズファクタを学び統計分析のバリエーションを増やそう

科目の概要

　本科目は，p 値の検定法に加えて新たに "ベイズファクタ" といわれる統計量を用いた検定法を比較しながら学びます。それによって度数の分析，平均の分析，相関の分析のバリエーションにベイズファクタの手法を追加することを目指します。さらに，統計分析の重要概念である統計的仮説検定，正規分布，交互作用，相関係数などについてシミュレーション・メニューにより操作的・視覚的に理解を深めます。

　この授業もコンピュータ必携ですが，『統計分析入門』で用いたコンピュータをそのまま使用することができます。新たにソフトをインストールする必要はありませんが，下記の教科書を見ながら R パッケージのインストールを念のため実行しておいてください。

達成目標

・ベイズファクタの手法を実行し，レポートを書けること
・統計分析の重要概念について理解度テストに答えられること

授業計画

第 1 回　1 × 2 表のベイズファクタ分析／統計的仮説検定とは何か
第 2 回　i × J 表のベイズファクタ分析
第 3 回　t 検定のベイズファクタ分析／正規分布とは何か，効果量とは何か
第 4 回　1 要因分散分析デザインのベイズファクタ分析
第 5 回　多要因分散分析デザインのベイズファクタ分析：交互作用とは何か
第 6 回　相関係数のベイズファクタ分析：相関とは何か
第 7 回　回帰モデルのベイズファクタ分析

期末試験

　統計分析の重要概念について筆記試験（教科書・コンピュータの使用可）または出題したデータの期限付き分析レポート提出のいずれかを課します。

教科書

田中　敏・中野博幸（著）『Rを使った〈全自動〉ベイズファクタ分析』北大路書房　2022 年

参考書

田中　敏（著）『Rを使った〈全自動〉統計データ分析ガイド』北大路書房 2021 年

　もし，この 7 回の授業を（前編の『統計分析入門』なしで）単独で実施する場合，本書の『〈全自動〉ベイズ』には因子分析，SEM，クラスタ分析が含まれていませんので，それらの手法を他の科目内で補う必要があります。その点ご留意ください。

索　引

田中　敏（たなか・さとし）

筑波大学大学院修了　学術博士
上越教育大学・信州大学で教授を歴任し，2020 年に定年退職
上越教育大学名誉教授　専門は言語心理学，一般心理学

[主な著書・論文]
　『マンガ　心の授業』シリーズ（筆名・三森創）　北大路書房　2000〜2006 年
　『R&STAR データ分析入門』（共著）　新曜社　2013 年
　『不道徳性の指導と学びとしての道徳教育の構想』信州大学教育学部研究論集
　2020 年
　『R を使った〈全自動〉統計データ分析ガイド』北大路書房　2021 年

　E-mail：zenjidotanaka@gmail.com

著者紹介

中野　博幸（なかの・ひろゆき）

上越教育大学大学院修了　修士（教育学）
上越教育大学教職大学院教授・学校教育実践研究センター長
新潟県公立中学校・小学校教員 20 年，指導主事 3 年，任期付き大学教員
6 年を経て現職　専門は数学教育，教育工学

[主な著書・論文]
　『フリーソフト js-STAR でかんたん統計データ分析』（共著）　技術評論社
　2012 年
　『R&STAR データ分析入門』（共著）　新曜社　2013 年
　『月の満ち欠けの学習における空間的視点取得の特徴』（共著）　理科教育学研
　究　2021 年

　E-mail：hiroyuki@juen.ac.jp

Rを使った〈全自動〉ベイズファクタ分析

js-STAR_XR+でかんたんベイズ仮説検定

2022年7月10日　初版第1刷印刷　　定価はカバーに表示
2022年7月20日　初版第1刷発行　　してあります。

著　者　　田　中　　　　敏
　　　　　中　野　博　幸

発行所　　（株）北 大 路 書 房

〒603-8303　京都市北区紫野十二坊町12-8
電話（075）431-0361（代）
FAX（075）431-9393
振替　01050-4-2083

編集・デザイン・装丁　上瀬奈緒子（綴水社）　　印刷・製本　（株）太洋社
©2022　ISBN978-4-7628-3199-7　Printed in Japan
検印省略　落丁・乱丁本はお取り替えいたします

・ [JCOPY] 〈㈳出版者著作権管理機構 委託出版物〉
本書の無断複写は著作権法上での例外を除き禁じられています。
複写される場合は，そのつど事前に，㈳出版者著作権管理機構
（電話 03-5244-5088, FAX 03-5244-5089, e-mail: info@jcopy.or.jp）
の許諾を得てください。

北大路書房の好評関連書籍

Rを使った〈全自動〉統計データ分析ガイド
——フリーソフト js-STAR_XR の手引き

田中　敏　著

A5判　272頁　本体3000円＋税

js-STAR_XR は世界的に普及している統計分析システムRを誰もが簡単に使えるフリーソフト。度数や平均値の分析，多変量解析の演算に加え，計算結果の読み取りとレポートの作成までをも自動化する。本書はソフトの使用法からレポートの仕上げ方まで懇切にガイド。統計手法を知らなくても統計分析ができる画期的な本。

数式がなくてもわかる！　Rでできる因子分析

松尾太加志　著

A5判　172頁　本体2300円＋税

統計ソフト「R」を使った因子分析の入門書。因子数の決め方，因子軸の回転，出力結果の詳細な見方，解釈の仕方，変数の取捨選択，主成分分析や共分散構造分析との違いといった実践知識を，豊富な図表やRでの実行例とともに解説。試行錯誤を重ねる分析の流れを丁寧に追う。付録でデータファイルと実行例テキストがダウンロード可。